罗浮山泰学学校
中华优秀传统文化编辑委员会 编著

《孝经》

诵读本

为中华文化传承尽责任
为中华民族复兴育英才

華文出版社
SINO-CULTURE PRESS

图书在版编目（CIP）数据

《孝经》诵读本 / 罗浮山泰学学校中华优秀传统文化编辑委员会著. -- 北京：华文出版社，2024. 11.

ISBN 978-7-5075-6040-4

Ⅰ. B823.1

中国国家版本馆 CIP 数据核字第 2024DL6607 号

《孝经》诵读本

编　　著：罗浮山泰学学校　中华优秀传统文化编辑委员会
责任编辑：潘　婕
特约编辑：王国风
出版发行：华文出版社
地　　址：北京市西城区广安门外大街305号8 区2号楼
电　　话：总 编 室 010-58336239　发 行 部 010-58336267
　　　　　责任编辑 010-63429159
邮政编码：100055
网　　址：http://www.hwcbs.cn
经　　销：新华书店
印　　刷：河北环京美印刷有限公司
开　　本：787mm×1092mm　1/16
印　　张：7. 75
字　　数：100 千字
版　　次：2024 年 11 月第 1 版
印　　次：2024 年 11 月第 1 次印刷
标准书号：ISBN 978-7-5075-6040-4
定　　价：49. 80 元

出版说明

作为央视《百家讲坛》备受欢迎的讲师之一，曾仕强教授以其深厚的国学底蕴和独到的见解，赢得了广大观众的喜爱和尊敬。他生前出版的《易经的奥秘》和《论语的生活智慧》等畅销书籍，更是将古老的中国智慧与现代生活紧密结合，为读者提供了宝贵的启示和指引。

2016年9月，曾仕强教授创办罗浮山泰学学校，把国家标准、国学根基、国际视野融为一体，引领现代教育方向。自建校以来，学校肩负文化与时代使命，将建立中华文化课程和教材体系作为当务之急，积极构建关联“国学根基”的课程，让传统文化教育进入中小学课堂。

为使课程更具传统文化的特色，学校决定出版由曾仕强教授精心解读的《易经》诵读本、《论语》诵读本、《道德经》诵读本与《孝经》诵读本。这些经典之作，不仅是中国古代文化的瑰宝，更是中华民族智慧的结晶。曾仕强教授的解读为这四部经典注入了新的活力和理解，使其更加贴近现代生活，为广大读者提供了宝贵的精神食粮。

本系列图书具有强烈的曾师风格，具体表现在以下几点。

1.本系列图书的语句解读、标点符号位置、个别字的读音等内容以曾仕强教授已著图书《易经的奥秘》《易经的智慧》《论语的生活智慧》《道德经的奥秘》《孝了，人生就顺了》为依据，所以与市场上的同类书有一些出入，但是曾仕强教授解读《易经》《论语》《道德经》《孝经》自成一派，在《百家讲坛》解读时，有强烈的个人风格，经过斟酌，我们决定保留这些不同之处，以便读者学习讨论。

2.译文简洁易懂，使读者能够轻松理解经典著作中的深奥哲理，从而普及国学知识。

3. 注音采用通行的汉语拼音方案，旨在保证初学者读音之准确。

我们相信，本系列图书将成为广大读者传承和弘扬中华文化的宝贵财富。让我们一起携手努力，为中华文化传承尽责任，为中华民族复兴育英才！

序　言

曾仕强

大家想一想，什么叫国学，什么叫经典？为什么有些东西不叫经典，而叫国学，就是因为经典很容易被搞乱，而国学，是具有中国特色的学问。有人可能会问，学问怎么有特色？我们从实际来了解，就是每个民族对同一件事情的看法不一样，而它的关键就在思维。

既然学问的特色在思维，那我们就非读《易经》不可。读《易经》就是给我们一种思维方式。让孩子从小背诵《易经》，再从实践活动中去练习思维方式，孩子将来会一辈子受用。我们应该在孩子年纪最小、最适合记忆的时候，给他们记一生中最有用的东西，否则这个黄金时期就浪费掉了。

我这样说大家不必担心。我曾亲眼看到过一个三岁半的小女孩把四千多字的《易经》从头背到尾。我问她："你知道意思吗？"她说："不知道。"我说："没有关系，你背了可以一生回味，不断地去用它。"

说到底，我们东方的东西就是一本《易经》而已。可是《易经》要完全看懂，不是容易的事。因此就有两个人：一个是孔子，一个是老子，来帮助我们去了解。

所以，我比较主张让孩子在小时候背三本书：一本是《易经》，一本是《道德经》，一本是《论语》，这三本书对他们终生都有用。

我们要知道，孔子和老子都在讲《易经》的道理，只是他们两个各有分工。孔子是有教无类的，他是替大多数中等智慧的人来解释《易经》；而老子专门替高等智慧的人讲《易经》。孔子认为自己是述而不作的；但是老子认为，如果大家都走这一条路的话，那我们中国就没有本体论，就没有宇宙论了。于是，他说，那好吧，这一部分工作由我来做。所以他们两位老人家谈完以后，就分工了。他们是互补的，没有冲突，没有矛盾。全世界只有一个道，这个道，不只道家在讲，儒家也讲，诸子百家也讲。这个道，就是《易经》的道，叫作易道，几千年来，绵延不绝。

另外还有一本书，也是很值得孩子去背诵的，就是《孝经》。孔子曾说，我的主张反映在《春秋》，我的为人体现在《孝经》。由此可见《孝经》在儒家经典中的位次，在中国文化中的位次。况且，中华民族是倡导孝道的民族，作为一名中国人，怎可不读《孝经》？

这样大家就了解了，《易经》《论语》《道德经》《孝经》，就是我们一以贯之的中华大道，是我们中华民族最核心的智慧。从小让孩子背诵、学习、实践其中的道理，将来才能成为一个合格的中国人，一辈子受用。我们要用儿童本位来考虑问题，这是很重要的。儿童本位不是现在所认为的一切以儿童意愿为准，而是站在儿童的立场来替他着想。过分迁就儿童，过分按照儿童意愿去走，这是不对的，反而把他们宠坏了、害惨了。现在教育的问题就是思路搞错了。

我们要为孩子未来的二十年、三十年去想事情，而不是只考虑现在。这才叫良心。我们要替他想到，他现在学的，二十年以后要能用。这样的思路才正确。

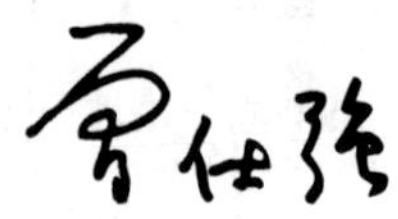

目 录

kāi zōng míng yì zhāng dì yī
开宗明义章第一

dì yī zhāng shì quán shū de gāng lǐng jiē shì xiào dào de zōng zhǐ yǐ xiào lì shēn xíng dào

第一章是全书的纲领，揭示孝道的宗旨：以孝立身行道。

zhòng ní jū　zēng zǐ shì　zǐ yuē　xiān
仲尼居，曾子侍，子曰：“先
wáng yǒu zhì dé yào dào　yǐ shùn tiān xià　mín yòng hé
王有至德要道，以顺天下，民用和
mù　shàng xià wú yuàn　rǔ zhī zhī hū　zēng zǐ bì
睦，上下无怨，汝知之乎？”曾子避
xí yuē　shēn bù mǐn　hé zú yǐ zhī zhī　zǐ
席曰：“参不敏，何足以知之。”子
yuē　fú xiào　dé zhī běn yě　jiào zhī suǒ yóu shēng
曰：“夫孝，德之本也，教之所由生
yě　fù zuò　wú yù rǔ　shēn tǐ fà fū　shòu zhī
也。复坐，吾语汝。身体发肤，受之
fù mǔ　bù gǎn huǐ shāng　xiào zhī shǐ yě　lì shēn xíng
父母，不敢毁伤，孝之始也；立身行
dào　yáng míng yú hòu shì　yǐ xiǎn fù mǔ　xiào zhī zhōng
道，扬名于后世，以显父母，孝之终

【译 文】有一天，孔子在家里闲坐，学生曾参在一旁陪侍。孔子说：“从前的帝王有至高无上的德行与至为重要的道理。他们用这样的德行与道理，教化全国人民顺着自然而相亲相爱。在上位的官员或在下位的百姓、年老的或年幼的、尊贵的或卑贱的，彼此都没有怨恨。这是什么道理，你知道吗？”曾子立刻站起来，离开席位说：“弟子不够聪敏，怎么会知道呢？”孔子说：“孝道是所有德行的根本，也是一切教化产生的来源。你回你的席位坐下，我来告诉你。人的身躯、四肢、毛发、皮肤，都是从父母那里得来的，不敢损毁伤残，这正是孝道的开始；自身有建树又实行正道，显扬名声于后世，而使父母荣耀，这是孝道最

yě fú xiào shǐ yú shì qīn zhōng yú shì jūn zhōng
也。夫孝，始于事亲，中于事君，终
yú lì shēn dà yǎ yún wú niàn ěr zǔ
于立身。《大雅》云：‘无念尔祖，
yù xiū jué dé
聿修厥德。’”

终的目的。所以，实行孝道从侍奉双亲开始，推广于侍奉君王，最终的目的则是立身行道。《诗经·大雅·文王篇》中说：‘怎么可以不追念你的先祖呢？要专心一意发扬文王的美德啊！’”

【现代启示】我们孝敬父母，要以实际行为表现出来。不是做给别人看，也不是做给父母看，应该发自内心，做给自己看。看什么？看看有没有用心保护自己的身体，有没有需要改善的地方，有没有好好做人，好好做事……

tiān zǐ zhāng dì èr
天子章第二

dì èr zhāng shuō míng tiān zǐ de xiào dào, tiān zǐ yǐ shēn zuò zé xiào jìng shuāng qīn, gǎn huà rén mín.

第二章说明天子的孝道，天子以身作则孝敬双亲，感化人民。

zǐ yuē ài qīn zhě bù gǎn wù yú rén
子曰：“爱亲者，不敢恶于人；

jìng qīn zhě bù gǎn màn yú rén ài jìng jìn yú shì
敬亲者，不敢慢于人。爱敬尽于事

qīn ér dé jiào jiā yú bǎi xìng xíng yú sì hǎi gài
亲，而德教加于百姓，刑于四海，盖

tiān zǐ zhī xiào yě fǔ xíng yún yì rén yǒu
天子之孝也。《甫刑》云：‘一人有

qìng zhào mín lài zhī
庆，兆民赖之。’”

【译 文】孔子说：“天子能够亲爱父母，就不敢厌恶人民的父母；天子能够尊敬父母，就不敢轻侮人民的父母。竭尽爱敬之心去侍奉双亲，并将这种德行教化推广到百姓的身上，作为天下百姓的典范，这是天子的孝道。《尚书·甫刑篇》中说：‘天子一人有敬爱父母的好行为，就有了福泽吉庆；天下千千万万的百姓都效法他，久而久之，也都沾了天子的吉庆。’”

【现代启示】我们要从小做起，好好孝敬父母、友爱兄弟姐妹。等长大后为社会服务时，要在孝悌方面做好，若是能够获得大家的认可，就可以修齐治平，各方面能力逐渐有所提升。

zhū hóu zhāng dì sān

诸侯章第三

dì sān zhāng shuō míng zhū hóu de xiào dào zhū hóu zūn shǒu fǎ

第三章说明诸侯的孝道，诸侯遵守法

dù jǐn shèn qiān xū yǔ mín hé lè

度，谨慎谦虚，与民和乐。

zài shàng bù jiāo gāo ér bù wēi zhì jié jǐn
在上不骄，高而不危；制节谨
dù mǎn ér bú yì gāo ér bù wēi suǒ yǐ cháng shǒu
度，满而不溢。高而不危，所以长守
guì yě mǎn ér bú yì suǒ yǐ cháng shǒu fù yě fù
贵也；满而不溢，所以长守富也。富
guì bù lí qí shēn rán hòu néng bǎo qí shè jì ér hé
贵不离其身，然后能保其社稷，而和
qí mín rén gài zhū hóu zhī xiào yě shī yún
其民人，盖诸侯之孝也。《诗》云：
zhàn zhàn jīng jīng rú lín shēn yuān rú lǚ bó bīng
“战战兢兢，如临深渊，如履薄冰。”

【译 文】在上位的诸侯态度不骄傲，那么虽然处于高位也不会有倾覆的危险；节约费用、慎守法度，那么虽然府库充裕也不会浪费外溢。处于高位而没有倾覆危险，所以能长久保有尊贵；府库充裕而不浪费，所以能长久保有财富。尊贵与财富不离身，然后才能保有国家，使人民和睦相处，这就是诸侯的孝道。《诗经·小雅·小旻篇》中说：“要恐惧戒慎，好比面临深渊，好比脚踏在薄冰上面。”

【现代启示】在上位的人容易得意忘形而骄傲，以致遭受来自四面八方的攻击；还有的功高震主，引起领导的猜疑。所以我们要做到凡事谨慎，处处小心，即使成绩优秀，也不能骄傲自满。

卿大夫章第四

第四章说明卿、大夫的孝道，卿、大夫的言行须合于礼法。

fēi xiān wáng zhī fǎ fú bù gǎn fú fēi xiān wáng zhī
非先王之法服不敢服，非先王之
fǎ yán bù gǎn dào fēi xiān wáng zhī dé xíng bù gǎn xíng
法言不敢道，非先王之德行不敢行。
shì gù fēi fǎ bù yán fēi dào bù xíng kǒu wú zé
是故非法不言，非道不行；口无择
yán shēn wú zé xíng yán mǎn tiān xià wú kǒu guò xíng
言，身无择行；言满天下无口过，行
mǎn tiān xià wú yuàn wù sān zhě bèi yǐ rán hòu néng shǒu
满天下无怨恶。三者备矣，然后能守
qí zōng miào gài qīng dà fū zhī xiào yě shī
其宗庙，盖卿、大夫之孝也。《诗》
yún sù yè fěi xiè yǐ shì yì rén
云：“夙夜匪懈，以事一人。”

【译 文】不是先王所制定、合于礼法的衣服，卿、大夫不敢穿；不是先王所说、合于礼法的言语，卿、大夫不敢说；不是先王所实践的品德，卿、大夫不敢做。不合礼法的话不说，不合礼法的事不做。所说的话都合于礼法，没有选择的必要；所做的事都合于礼法，没有选择的余地。因此，所说的话传遍天下并没有什么过错，所做的事传遍天下也没有什么人会怨恨憎恶。衣服、言语、行为三件事完全合于礼法，才能够保全宗庙，这就是卿、大夫的孝道。《诗经·大雅·烝民篇》中说：“从早到晚都不敢稍有懈怠，专心地侍奉天子。”

【现代启示】穿什么样的衣服，和价值观密切相关，因为眼睛很容易辨识，所以要慎重。现在有些人一开口便得罪很多人，祸从口出，我们应说妥当的话，不要乱说话。依据道德标准来规范自己的行为态度，更是非常重要。

shì zhāng dì wǔ
士章第五

dì wǔ zhāng shuō míng shì de xiào dào shì dāng yǐ ài shì jūn yǐ jìng shì zhǎng

第五章说明士的孝道，士当以爱事君，以敬事长。

zī yú shì fù yǐ shì mǔ ér ài tóng zī yú
资于事父以事母而爱同；资于

shì fù yǐ shì jūn ér jìng tóng gù mǔ qǔ qí ài ér
事父以事君而敬同。故母取其爱，而

jūn qǔ qí jìng jiān zhī zhě fù yě gù yǐ xiào shì jūn
君取其敬，兼之者父也。故以孝事君

zé zhōng yǐ jìng shì zhǎng zé shùn zhōng shùn bù shī yǐ
则忠，以敬事长则顺。忠顺不失，以

shì qí shàng rán hòu néng bǎo qí lù wèi ér shǒu qí jì
事其上，然后能保其禄位，而守其祭

sì gài shì zhī xiào yě shī yún sù xīng
祀，盖士之孝也。《诗》云：“夙兴

yè mèi wú tiǎn ěr suǒ shēng
夜寐，无忝尔所生。”

【译 文】以侍奉父亲的心去侍奉母亲，其爱心是相同的；以侍奉父亲的心去侍奉君王，其尊敬的心是相同的。侍奉母亲是取其爱心，侍奉君王是取其尊敬的心，而爱心与尊敬的心兼而有之，就是侍奉父亲的道理。所以，用孝道来侍奉君王是忠诚；用尊敬的心来侍奉长上是顺从天理。以忠诚与顺从侍奉君王长上，才能够保有俸禄、职位，奉行宗庙的祭祀，这就是士的孝道。《诗经·小雅·小宛篇》中说：“早起晚睡，勤奋谨慎，不要侮辱了生育你的父母。”

【现代启示】我们要把对父母的敬意和爱心，转化为对老师的尊重和顺从。需要注意的是，应该是合理的顺从，而不是盲目的服从。

shù rén zhāng dì liù

庶人章第六

dì liù zhāng shuō míng píng mín bǎi xìng de xiào dào guǎng dà rén mín yào

第六章说明平民百姓的孝道，广大人民要

shàn yòng zì rán de tiáo jiàn jǐn shèn jié yuē lái shì fèng fù mǔ

善用自然的条件，谨慎节约来侍奉父母。

yòng tiān zhī dào fēn dì zhī lì jǐn shēn jié
用天之道，分地之利，谨身节

yòng yǐ yǎng fù mǔ cǐ shù rén zhī xiào yě gù zì
用，以养父母，此庶人之孝也。故自

tiān zǐ zhì yú shù rén xiào wú zhōng shǐ ér huàn bù jí
天子至于庶人，孝无终始，而患不及

zhě wèi zhī yǒu yě
者，未之有也。

【译 文】配合自然的节气，分辨土地的高下肥瘠而加以开发利用；谨慎行事，节省用度以侍奉父母，这是广大人民的孝道。所以上至天子，下至一般平民，事亲尽孝没有终始，也没有贵贱的道理永恒存在。如果有人担心自己能力不够、做不到，那是从来不会发生的事情。

【现代启示】侍奉父母，不只是供父母衣食温饱，还应该加上服劳，也就是为父母解忧分劳，并且心甘情愿、出于至诚。唯有如此，才能够态度良好、语气和缓、用词妥当，而且毫无不耐烦的感觉。同时，我们必须善于察言观色，了解父母的心情，以使父母安心。

sān cái zhāng dì qī
三才章第七

dì qī zhāng shuō míng xiào dào shì tiān jīng dì yì de fǎ zé guàn tōng
第七章说明孝道是天经地义的法则，贯通
tiān dì rén sān cái hé ér wéi yī
天地人三才，合而为一。

zēng zǐ yuē shèn zāi xiào zhī dà yě
曾子曰："甚哉，孝之大也。"

zǐ yuē fú xiào tiān zhī jīng yě dì zhī yì yě
子曰："夫孝，天之经也，地之义也，

mín zhī xíng yě tiān dì zhī jīng ér mín shì zé zhī
民之行也。天地之经，而民是则之。

zé tiān zhī míng yīn dì zhī lì yǐ shùn tiān xià shì
则天之明，因地之利，以顺天下，是

yǐ qí jiào bú sù ér chéng qí zhèng bù yán ér zhì xiān
以其教不肃而成，其政不严而治。先

wáng jiàn jiào zhī kě yǐ huà mín yě shì gù xiān zhī yǐ bó
王见教之可以化民也，是故先之以博

ài ér mín mò yí qí qīn chén zhī yǐ dé yì ér
爱，而民莫遗其亲；陈之以德义，而

mín xīng xíng xiān zhī yǐ jìng ràng ér mín bù zhēng dǎo
民兴行；先之以敬让，而民不争；导

【译文】曾子说："孝道真是很高深、很伟大啊！"孔子接着说："孝道如天道永恒地运转，如土地适宜地承载万物，是人在天地之间必有的行为。天地的常道，人们应当效法。遵循上天明照宇宙的道理，善用土地顺承万物的利益，来教化天下人民。因此，施行教化不是严肃就能成功，推展政治不是严厉而天下太平。先王看见教化可以感化人民，就率先施行博爱，也就没有人敢遗弃父母。陈述道德仁义，使人民奋起施行；率先待人恭敬谦让，人民就不会发生纷争。

zhī yǐ lǐ yuè ér mín hé mù shì zhī yǐ hào wù
之以礼乐，而民和睦；示之以好恶，

ér mín zhī jìn shī yún hè hè shī yǐn
而民知禁。《诗》云：‘赫赫师尹，

mín jù ěr zhān
民具尔瞻。’”

再以礼乐来引导人民，使人民和睦相处；教导人民什么事情值得喜欢，什么事情应该厌恶，人民就知道禁令而不会犯法。《诗经·小雅·节南山篇》中说：‘名声显赫的太师尹氏，全民都仰望着你啊！’”

【现代启示】三才指的是天地人，天代表天经，地代表地义，人是最重要的，就是我们常常挂在嘴上的“行不行”，所以说，人要透过实际的行为来履践孝道。对孝敬父母，我们只有诚心诚意，才能感动父母的心。向外扩展，就能感动他人的心。能感动人心，便能够移风易俗。能移风易俗，才能够化育万物。

xiào zhì zhāng dì bā

孝治章第八

dì bā zhāng shuō míng yǐ xiào zhì tiān xià de dào lǐ shàng zhì jūn wáng xià zhì píng mín dōu zūn xíng xiào dào cái néng tiān xià hé lè tài píng

第八章说明以孝治天下的道理，上至君王、下至平民都遵行孝道，才能天下和乐太平。

子曰："昔者明王之以孝治天下也，不敢遗小国之臣，而况于公、侯、伯、子、男乎？故得万国之欢心，以事其先王。治国者，不敢侮于鳏寡，而况于士民乎？故得百姓之欢心，以事其先君。治家者，不敢失于臣妾，而况于妻子乎？故得人之欢心，以事其亲。夫然，故生则亲安之，祭则鬼享之，是以天下和平，

【译 文】孔子说："从前英明的帝王，以孝道治理天下时，连那些附庸的小国都不敢遗弃，何况是有公、侯、伯、子、男爵位的诸侯呢？所以会得到大家的欢心拥护，愿意帮忙奉祀先王的祭礼。治理封国的诸侯，对那些孤苦无依的鳏夫寡妇都不敢欺侮，何况是对一般的士人和百姓呢？所以会得到大家的欢心拥护，愿意帮忙祭祀诸侯的先祖。治理乡邑的卿、大夫，对那些男仆女婢都不敢失礼，何况是对妻子儿女呢？所以会得到他们的欢心爱戴，乐意侍奉卿、大夫的父母。果真如此，那么父母在世时，可以安心接受子女的孝养。死了以后成为鬼神，也乐意享受子女的祭拜。

zāi hài bù shēng huò luàn bú zuò gù míng wáng zhī yǐ xiào
灾害不生，祸乱不作，故明王之以孝

zhì tiān xià yě rú cǐ shī yún yǒu jué dé
治天下也如此。《诗》云：‘有觉德

xíng sì guó shùn zhī
行，四国顺之。’”

如此，天下和乐太平，灾害祸乱就不会发生。所以，英明的帝王以孝道治理天下，就能有这样的效果。《诗经·大雅·抑篇》中说：‘天子有伟大的德行，四方各国都来归顺。’”

【现代启示】孝敬父母，不仅是感念父母生我、育我的大恩，而且要将祖先的精神生命及文化成就一脉相承，继续发扬光大。我们只能要求自己孝敬父母，并不能反过来要求父母应该如何如何。

shèng zhì zhāng dì jiǔ

圣治章第九

dì jiǔ zhāng shuō míng shèng rén yǐ xiào zhì tiān xià de dào lǐ shèng rén
第九章说明圣人以孝治天下的道理，圣人
yǐ dé jiào gǎn huà rén mín zhèng lìng biàn néng shùn lì tuī xíng
以德教感化人民，政令便能顺利推行。

zēng zǐ yuē gǎn wèn shèng rén zhī dé wú
曾子曰：“敢问圣人之德，无

yǐ jiā yú xiào hū zǐ yuē tiān dì zhī xìng
以加于孝乎？”子曰：“天地之性，

rén wéi guì rén zhī xíng mò dà yú xiào xiào mò dà yú
人为贵。人之行莫大于孝，孝莫大于

yán fù yán fù mò dà yú pèi tiān zé zhōu gōng qí rén
严父，严父莫大于配天，则周公其人

yě xī zhě zhōu gōng jiāo sì hòu jì yǐ pèi tiān zōng
也。昔者周公郊祀后稷，以配天；宗

sì wén wáng yú míng táng yǐ pèi shàng dì shì yǐ sì hǎi
祀文王于明堂，以配上帝。是以四海

zhī nèi gè yǐ qí zhí lái jì fú shèng rén zhī dé
之内，各以其职来祭。夫圣人之德，

yòu hé yǐ jiā yú xiào hū gù qīn shēng zhī xī xià yǐ
又何以加于孝乎？故亲生之膝下，以

【译 文】曾子说：“冒昧请教老师，圣人的德行，没有比孝道更重大的吗？”孔子答说：“天地万物的本性，其中以人所禀受的最为尊贵。人的德行，没有比孝道更为重大的，而孝道没有比尊敬父亲更为重大的。尊敬父亲，没有比天子祭天时将祖先配享天帝更重大的，这件事只有周公做到了。从前，周公辅佐成王代理朝政，在都城郊外祭天时，将周的始祖后稷配祀天帝；又在明堂祭祀时，将成王的祖父文王配祀天帝。因此，各地诸侯都供奉当地的特产前来助祭。由此可知，圣人的德行，哪有比孝道更重大的呢？身为子女，对父母的敬爱，开始于幼年依偎于父母膝旁的时候。

yǎng fù mǔ rì yán shèng rén yīn yán yǐ jiào jìng yīn qīn
养父母日严，圣人因严以教敬，因亲
yǐ jiào ài shèng rén zhī jiào bú sù ér chéng qí zhèng bù
以教爱。圣人之教不肃而成，其政不
yán ér zhì qí suǒ yīn zhě běn yě fù zǐ zhī dào
严而治，其所因者本也。父子之道，
tiān xìng yě jūn chén zhī yì yě fù mǔ shēng zhī
天性也，君臣之义也。父母生之，
xù mò dà yān jūn qīn lín zhī hòu mò zhòng yān gù
续莫大焉；君亲临之，厚莫重焉。故
bú ài qí qīn ér ài tā rén zhě wèi zhī bèi dé
不爱其亲，而爱他人者，谓之悖德；
bú jìng qí qīn ér jìng tā rén zhě wèi zhī bèi lǐ
不敬其亲，而敬他人者，谓之悖礼。
yǐ shùn zé nì mín wú zé yān bú zài yú shàn ér
以顺则逆，民无则焉。不在于善，而

长大之后，就一天比一天更知道尊敬父母。圣人因见他尊敬父母，就教他敬的道理；因见他亲爱父母，就教他爱的道理。所以圣人的教化，无须用严肃的方法就可以成功；圣人的施政，也无须用严厉的手段，就可以使天下太平。这都是由于圣人所凭借的是天生自然而又最根本的孝道。父爱子、子敬父，是出自人类的本性；君王爱护臣下，臣下效忠君王，是出自人类的义理。父母生下儿子延续宗族，做儿子的就没有比传宗接代更重大的事。父亲对待儿子，既像尊严的君王又是慈爱的亲人，做儿子的可以感受最深厚的恩爱。所以，不敬爱自己的父母而去敬爱他人的父母，叫作违背仁德；不尊敬自己的父母而去尊敬他人的父母，叫作违背礼法。君王如果不顺从天意、敬爱父母，反而违逆天意，便使得人民无从取法。

jiē zài yú xiōng dé suī dé zhī jūn zǐ bú guì yě
皆在于凶德，虽得之，君子不贵也。
jūn zǐ zé bù rán yán sī kě dào xíng sī kě lè
君子则不然，言思可道，行思可乐，
dé yì kě zūn zuò shì kě fǎ róng zhǐ kě guān jìn
德义可尊，作事可法，容止可观，进
tuì kě dù yǐ lín qí mín shì yǐ qí mín wèi ér ài
退可度。以临其民，是以其民畏而爱
zhī zé ér xiàng zhī gù néng chéng qí dé jiào ér xíng
之，则而象之；故能成其德教，而行
qí zhèng lìng shī yún shū rén jūn zǐ qí
其政令。《诗》云：‘淑人君子，其
yí bú tè
仪不忒。’”

不因善行却由凶行所得来的职位，君子并不重视。君子的作风不会如此，而是有所言，一定想到所说的话可以使人民称道；有所为，一定想到所为的事可以使人民欢乐；立德行义可使人民尊敬；所作所为可以让人民效法；容貌仪表可以使人民仰望；行为举止可以使人民效法。从以上各方面来治理人民，人民敬服而爱戴、仿效而取法，他便可以很容易完成他的德教，顺利推行他的政令。《诗经·曹风·鸠篇》中说：‘善良的君子，仪态端正而没有差错。’”

【现代启示】如果子女不敬爱自己的双亲就是有悖于道德。人的品德中，以孝道为至高无上，其实这也是做人的基本。孝道做得不够，其他的道德修养恐怕都会根基不稳固，而有所偏失。

jì xiào xíng zhāng dì shí
纪孝行章第十

dì shí zhāng shuō míng xiào zǐ shì qīn de xíng wéi xiào dào yào zuò dào
第十章说明孝子事亲的行为，孝道要做到

jìng lè yōu āi yán yě yào jiè chú jiāo luàn zhēng
敬、乐、忧、哀、严，也要戒除骄、乱、争。

zǐ yuē xiào zǐ zhī shì qīn yě jū zé zhì
子曰：“孝子之事亲也，居则致
qí jìng yǎng zé zhì qí lè bìng zé zhì qí yōu sāng zé
其敬，养则致其乐，病则致其忧，丧则
zhì qí āi jì zé zhì qí yán wǔ zhě bèi yǐ rán
致其哀，祭则致其严。五者备矣，然
hòu néng shì qīn shì qīn zhě jū shàng bù jiāo wéi xià
后能事亲。事亲者，居上不骄，为下
bú luàn zài chǒu bù zhēng jū shàng ér jiāo zé wáng wéi xià
不乱，在丑不争。居上而骄则亡，为下
ér luàn zé xíng zài chǒu ér zhēng zé bīng sān zhě bù chú
而乱则刑，在丑而争则兵。三者不除，
suī rì yòng sān shēng zhī yǎng yóu wéi bú xiào yě
虽日用三牲之养，犹为不孝也。”

【译 文】孔子说：“孝子侍奉父母，日常家居应持恭敬的心；侍奉的时候，应持和悦的心；父母生病时，应持忧虑的心去照料；父母丧亡，应持哀痛的心处理后事；祭祀的时候，应持严肃的心。以上所说的五项要能完全做到，才算尽到孝亲的责任。作为侍奉父母的孝子，在上位的不要骄傲自大，在下位的不要为非作乱，同事之间不要争吵打骂。在上位骄傲自大，将招致败亡；在下位为非作乱，免不了要受刑罚；同事之间争吵、打骂，免不了互相残杀。这三件恶事不戒除，即使天天用牛羊豕三牲奉养父母，也算是不孝啊！”

【现代启示】居致敬、养致乐、病致忧、丧致哀、祭致严，把侍奉的孝道，从生到死都说得十分周全。不要认为时代变了，条件不同，便认为不能做到。这五个大原则，并没有严格地规定要达到什么标准，所以我们可以依据各自不同的情况，做出弹性的应变。只要合理，也就心安理得了。

wǔ xíng zhāng dì shí yī

五刑章第十一

dì shí yī zhāng shuō míng bú xiào shì zuì dà de zuì xíng yāo jūn
第十一章说明不孝是最大的罪行，要君
zhě fēi shèng rén zhě fēi xiào zhě shì zhāo zhì tiān xià dà luàn de gēn yuán
者、非圣人者、非孝者是招致天下大乱的根源。

zǐ yuē wǔ xíng zhī shǔ sān qiān ér zuì mò
子曰：“五刑之属三千，而罪莫
dà yú bú xiào yāo jūn zhě wú shàng fěi shèng rén zhě wú
大于不孝。要君者无上，非圣人者无
fǎ fěi xiào zhě wú qīn cǐ dà luàn zhī dào yě
法，非孝者无亲，此大乱之道也。”

【译 文】孔子说：“属于五刑的犯罪条例有三千条，其中没有比不孝的罪行更大的了。胁迫君王就是眼中没有君王存在，诽谤圣人就是眼中没有法纪，诽谤孝道就是眼中没有父母，这三种人是招致天下大乱的根源。”

【现代启示】自我意识太强，很可怕；心目中没有别人，很可怜。我们中国人都在乎：你的心目当中有没有师长？有没有圣人？有没有父母？其中，以父母为根基，如果心目中都没有父母，大概圣人、师长也都没有了。

guǎng yào dào zhāng dì shí èr

广要道章第十二

dì shí èr zhāng shuō míng yào dào de yì yì tuī guǎng xiào dào kě shǐ guó jiā ān dìng tiān xià tài píng

第十二章说明要道的意义，推广孝道可使国家安定、天下太平。

zǐ yuē jiào mín qīn ài mò shàn yú xiào

子曰：“教民亲爱，莫善于孝；

jiào mín lǐ shùn mò shàn yú tì yí fēng yì sú mò

教民礼顺，莫善于悌；移风易俗，莫

shàn yú yuè ān shàng zhì mín mò shàn yú lǐ lǐ

善于乐；安上治民，莫善于礼。礼

zhě jìng ér yǐ yǐ gù jìng qí fù zé zǐ yuè

者，敬而已矣，故敬其父，则子悦；

jìng qí xiōng zé dì yuè jìng qí jūn zé chén yuè

敬其兄，则弟悦；敬其君，则臣悦；

jìng yì rén ér qiān wàn rén yuè suǒ jìng zhě guǎ ér

敬一人，而千万人悦。所敬者寡，而

yuè zhě zhòng cǐ zhī wèi yào dào yǐ

悦者众，此之谓要道矣。”

【译 文】孔子说：“教导人民相亲相爱，没有比孝道更好的；教导人民知礼顺情，没有比敬爱兄长的道理更好的；转移风气、变化习俗，没有比音乐更好的；使上位的人安心治理百姓，没有比礼节更好的。礼节就是敬爱而已。所以敬爱父亲，儿子就喜悦；敬爱兄长，弟弟就喜悦；敬爱君王，臣下就喜悦；敬爱一人而千万人喜悦。所敬爱的人少，而喜悦的人很多，这才是真正的‘要道’啊！”

【现代启示】“敬人者，人恒敬之。”这是双向的，并不是单向的。凡事我们先反求诸己，不要老是怨天尤人。年幼时，可能不明白修己的道理，这时候，孝敬父母便成为修己的第一步。用孝敬父母来修己，获得父严母慈的教养，方能奠定人生的坚实基础。

guǎng zhì dé zhāng dì shí sān
广至德章第十三

dì shí sān zhāng shuō míng zhì dé de yì lǐ jūn zǐ jiào huà
第十三章说明“至德”的义理，君子教化
rén mín xiào jìng fù qīn jìng zhòng xiōng zhǎng zūn jìng jūn wáng
人民孝敬父亲、敬重兄长、尊敬君王。

子曰："君子之教以孝也，非家至而日见之也。教以孝，所以敬天下之为人父者也；教以悌，所以敬天下之为人兄者也；教以臣，所以敬天下之为人君者也。《诗》云：'恺悌君子，民之父母。'非至德，其孰能顺民，如此其大者乎。"

【译 文】孔子说："君子以孝道教化人民，并不是挨家挨户去教，也不是天天当面去教。君子教人孝道，是要使天下为人子的都知道孝敬父亲；君子教人悌道，是要使天下为人弟的都知道敬重兄长；君子教人臣道，是要使天下为人臣的都知道尊敬君王。《诗经·大雅·泂酌篇》中说：'慈祥和乐的君子，是人民的父母。'如果没有至高无上的德行，有谁能顺应民心，感化人民而如此伟大呢？"

【现代启示】我们要时时反省自己：对父母应该怎样？孝敬父母是做给别人看，让大家称赞？是做给父母看，讨父母欢心以获得更多好处？还是做给自己看，使自己心安而喜悦无比？同时，人人都要尽心宣扬，使天下的父母都得到子女的尊敬，天下的哥哥姐姐都能获得弟弟妹妹的敬爱。

guǎng yáng míng zhāng dì shí sì
广扬名章第十四

dì shí sì zhāng shuō míng yáng míng de yì lǐ yí xiào zuò zhōng cái néng yáng míng yú hòu shì
第十四章说明“扬名”的义理，移孝作忠，才能扬名于后世。

zǐ yuē jūn zǐ zhī shì qīn xiào gù zhōng
子曰："君子之事亲孝，故忠
kě yí yú jūn shì xiōng tì gù shùn kě yí yú zhǎng
可移于君；事兄悌，故顺可移于长；
jū jiā lǐ gù zhì kě yí yú guān shì yǐ xíng chéng yú
居家理，故治可移于官。是以行成于
nèi ér míng lì yú hòu shì yǐ
内，而名立于后世矣。"

【译 文】孔子说："君子侍奉父母能尽孝道，所以能够把这种孝心移作效忠国君；侍奉兄长能尽悌道，因此可以把这种敬心移作敬顺长官；在家将所有事都处理得很好，因此能够移作去办理政务。这样，在家里能把孝悌的德行表现得很完善的人，美好的名声便可以显扬于后世了。"

【现代启示】孝敬父母的最终目的，在扬名后世、以显父母。立功、立言、立德三不朽，目标都是活在他人心中，称为扬名后世。我们现在应该好好打下基础，以求日后传扬美名。当然，传扬美名不仅为自己，也是为了孝敬父母。只有抱持这样的动机，才能长远而坚定地走在正道上。

jiàn zhèng zhāng dì shí wǔ
谏诤章第十五

dì shí wǔ zhāng shuō míng wéi rén zǐ wéi rén chén de dào lǐ
第十五章说明为人子、为人臣的道理，
dāng fù qīn jūn zhǔ zuò bú yì zhī shì shí zuò ér zi zuò chén
当父亲、君主做不义之事时，做儿子、做臣
zǐ de yīng gāi zhí yán quàn zǔ
子的应该直言劝阻。

zēng zǐ yuē ruò fú cí ài gōng jìng
曾子曰："若夫慈爱、恭敬、
ān qīn yáng míng zé wén mìng yǐ gǎn wèn zǐ cóng fù
安亲、扬名，则闻命矣。敢问子从父
zhī lìng kě wèi xiào hū zǐ yuē shì hé yán
之令，可谓孝乎？"子曰："是何言
yú shì hé yán yú xī zhě tiān zǐ yǒu zhèng chén qī
与？是何言与？昔者天子有争臣七
rén suī wú dào bù shī qí tiān xià zhū hóu yǒu zhèng
人，虽无道，不失其天下；诸侯有争
chén wǔ rén suī wú dào bù shī qí guó dà fū yǒu
臣五人，虽无道，不失其国；大夫有
zhèng chén sān rén suī wú dào bù shī qí jiā shì yǒu
争臣三人，虽无道，不失其家；士有
zhèng yǒu zé shēn bù lí yú lìng míng fù yǒu zhèng zǐ
争友，则身不离于令名；父有争子，

【译 文】曾子说："像那些慈爱、恭敬、安亲、扬名的孝道，我已经聆听过老师的教诲了。现在想冒昧请问老师，做儿子的一味听从父亲的命令，就算是孝吗？"孔子回答说："这是什么话呀！这是什么话呀！从前天子身旁有七个直言劝谏的臣子，因此天子即使不守正道也还不至于失去天下；诸侯身旁有五个直言劝告的臣子，因此诸侯即使不守正道也还不至于失去国家；大夫身旁有三个直言相劝的臣子，因此大夫即使不守正道也还不至于失去食邑；士如果有直言相劝的朋友，就不至于失去美名；父亲如果有直言相劝的儿子，就不至于

zé shēn bú xiàn yú bú yì gù dāng bú yì zé zǐ bù
则身不陷于不义。故当不义，则子不
kě yǐ bú zhèng yú fù chén bù kě yǐ bú zhèng yú jūn
可以不争于父，臣不可以不争于君。
gù dāng bú yì zé zhèng zhī cóng fù zhī lìng yòu yān dé
故当不义则争之，从父之令，又焉得
wéi xiào hū
为孝乎？”

做出不义的事情。所以，当父亲要做不义之事时，做儿子的不能不直言劝阻；君王要做不义之事时，做臣子的就不能不直言劝阻。遇到父亲要做不义的事情，儿子一定要直言劝阻。一味服从父母的命令，怎么能算是孝道呢？”

【现代启示】父母是人，也会犯错，我们身为子女，心里纵然明白，也不能加以指责。但是，看见父母犯错而盲目地顺从，必将陷父母于不义，甚至可能使父母身陷牢狱之灾。孝和顺是两码事。孝未必要顺，而顺也不一定就是孝。子女的孝道，应该是可顺则顺，不可顺时必须和颜悦色地加以劝告。

gǎn yìng zhāng dì shí liù
感应章第十六

dì shí liù zhāng shuō míng xiào tì zhī dào kě yǐ gǎn tōng shén míng jiàng fú bì yòu shǐ tiān xià rén wú sī bù fú
第十六章说明孝悌之道，可以感通神明降福庇佑，使天下人无思不服。

zǐ yuē xī zhě míng wáng shì fù xiào gù shì
子曰："昔者明王事父孝，故事
tiān míng shì mǔ xiào gù shì dì chá zhǎng yòu shùn
天明；事母孝，故事地察。长幼顺，
gù shàng xià zhì tiān dì míng chá shén míng zhāng yǐ gù
故上下治；天地明察，神明彰矣。故
suī tiān zǐ bì yǒu zūn yě yán yǒu fù yě bì yǒu
虽天子，必有尊也，言有父也；必有
xiān yě yán yǒu xiōng yě zōng miào zhì jìng bú wàng qīn
先也，言有兄也。宗庙致敬，不忘亲
yě xiū shēn shèn xíng kǒng rǔ xiān yě zōng miào zhì jìng
也；修身慎行，恐辱先也。宗庙致敬，

【译 文】孔子说："从前英明的帝王，侍奉父亲能尽孝道，所以祭祀天帝时，能明白上天庇护万物的道理；侍奉母亲能尽孝道，所以祭祀后土时，能明察大地生长万物的道理；长幼有序，所以上下尊卑有条不紊。像这样明察天地覆育万物的道理，神明感其至诚而降福保佑，以彰显德行。所以虽然贵为天子，但是一定有比他更尊贵的人，那就是他的父亲；一定有比他先出生的人，那就是他的兄长。到宗庙祭祀表达敬意，那是不敢忘记祖先的恩德；修身养性、谨言慎行，是怕犯了过失，会辱没祖先的名誉。到宗庙祭祀表达敬意，祖先的神

guǐ shén zhù yǐ xiào tì zhī zhì tōng yú shén míng guāng

鬼神著矣。孝悌之至，通于神明，光

yú sì hǎi wú suǒ bù tōng shī yún zì

于四海，无所不通。《诗》云：'自

xī zì dōng zì nán zì běi wú sī bù fú

西自东，自南自北，无思不服。'"

灵会显现来享用祭品，并赐以福佑。孝敬父母、亲爱兄长，做到至高的境地，则可以通达神明、光耀天下，无所不能。《诗经·大雅·文王有声篇》中说：'自西至东，自南至北，没有人不心悦归服啊！'"

【现代启示】没有祖先，就不可能有我们这一家人，这种大恩大德，永远都报答不完。大恩不言谢，必须长远铭记在心，而且代代相传。我们用祭祀来表达敬意，就是心中永远有先人的表现。所以，祭祀的形式并不重要，重要的是借由此诚挚的感通之情，以表达深层的敬意。

shì jūn zhāng dì shí qī
事君章第十七

dì shí qī zhāng shuō míng shì jūn yīng yǒu de biǎo xiàn shì fèng jūn wáng yào zhōng xīn gěng gěng

第十七章说明事君应有的表现，侍奉君王，要忠心耿耿。

zǐ yuē jūn zǐ zhī shì shàng yě jìn sī
子曰："君子之事上也，进思

jìn zhōng tuì sī bǔ guò jiāng shùn qí měi kuāng jiù qí
尽忠，退思补过，将顺其美，匡救其

è gù shàng xià néng xiāng qīn yě shī yún
恶，故上下能相亲也。《诗》云：

xīn hū ài yǐ xiá bú wèi yǐ zhōng xīn cáng zhī
'心乎爱矣，遐不谓矣。中心藏之，

hé rì wàng zhī
何日忘之？'"

【译 文】孔子说："君子侍奉君王，在朝为官时，必须想着如何尽忠图谋国事；退居在家时，就必须想着如何纠正补救君王的过失。对君王的美德应该助力发扬，对君王的缺失应该纠正补救，如此上下才能够相亲相爱。《诗经·小雅·隰桑篇》中说：'内心敬爱他，为什么不告诉他？心里永存敬爱君王的真诚，哪有一天会忘记呢？'"

【现代启示】我们担任班干部时，要把自己分内的事情做好；放学回家，应该反省自己的缺失，尽快设法加以补救。师长的指示如果合理，当然要尽心尽力去完成；倘若有不合理的地方，则必须用心补救而加以导正。

sàng qīn zhāng dì shí bā

丧亲章第十八

dì shí bā zhāng shì quán shū de jié lùn shuō míng xiào zǐ bàn lǐ sāng shì hé jì sì shí yìng jìn de lǐ fǎ wéi rén zǐ nǚ yīng zàng zhī yǐ lǐ jì zhī yǐ lǐ

第十八章是全书的结论，说明孝子办理丧事和祭祀时应尽的礼法，为人子女，应葬之以礼，祭之以礼。

zǐ yuē xiào zǐ zhī sàng qīn yě kū bù
子曰：“孝子之丧亲也，哭不
yǐ lǐ wú róng yán bù wén fú měi bù ān wén
偯，礼无容，言不文，服美不安，闻
yuè bú lè shí zhǐ bù gān cǐ āi qī zhī qíng yě
乐不乐，食旨不甘，此哀戚之情也。
sān rì ér shí jiào mín wú yǐ sǐ shāng shēng huǐ bú miè
三日而食，教民无以死伤生，毁不灭
xìng cǐ shèng rén zhī zhèng yě sāng bú guò sān nián shì
性，此圣人之政也。丧不过三年，示
mín yǒu zhōng yě wèi zhī guān guǒ yī qīn ér jǔ zhī chén
民有终也。为之棺椁衣衾而举之，陈
qí fǔ guǐ ér āi qī zhī pǐ yǒng kū qì āi yǐ sòng
其簠簋而哀戚之。擗踊哭泣，哀以送

【译 文】孔子说：“孝子丧失父母，悲伤痛哭并不会拉长余音，容貌不如平日端庄有礼，言辞不加修饰。要穿美丽的衣服，心中将感不安；要听美妙的音乐，心中不觉得快乐；要吃美味的食物，也不觉得好吃。这是失去父母后，子女哀伤忧戚的真实表现。父母去世三天后就可以进食，这是教导人民不要因过分哀悼死者而伤害到生者，也不要因过度哀毁而绝灭人性，这就是圣人制礼施教的法则。居丧不超过三年，这是告诉大家表示哀伤要有终结。父母去世，孝子要准备棺椁衣衾举行敛礼，陈列装有祭品的簠、簋表达悲伤忧痛。捶胸顿足痛哭，哀伤送葬。

zhī bǔ qí zhái zhào ér ān cuò zhī wèi zhī zōng miào
之；卜其宅兆，而安措之；为之宗庙，
yǐ guǐ xiǎng zhī chūn qiū jì sì yǐ shí sī zhī shēng
以鬼享之；春秋祭祀，以时思之。生
shì ài jìng sǐ shì āi qī shēng mín zhī běn jìn yǐ
事爱敬，死事哀戚，生民之本尽矣，
sǐ shēng zhī yì bèi yǐ xiào zǐ zhī shì qīn zhōng yǐ
死生之义备矣，孝子之事亲终矣。”

占卜挑选墓地，让父母安葬入土；兴建宗庙，招请鬼神来享用；春秋两季举行祭祀，以追思先人。父母在世时，以爱敬的心侍奉；父母去世后，以悲哀忧痛的心料理后事。如此人应尽的本分都尽了，养生送死的大义也做完备了，孝子侍奉父母的义务到此结束。”

【现代启示】孝敬父母完全是看我们要不要，并不需要思虑能不能。现在我们读完《孝经》，应该有所体悟，接下来便是看大家的实际行动，并在实际行动中自省，自己的言行有没有缺失。通过实际行动，促使自己愈来愈明白“孝”和“敬”的真谛，而且养成良好的习惯。即知即行，请从此刻开始！

fù lù
附录

huáng dì nèi jīng　sù wèn　(jié xuǎn)
黄帝内经　素问（节选）

dì yī jiǎng shàng gǔ tiān zhēn lùn piān jié xuǎn

第一讲 上古天真论篇（节选）

xī zài huáng dì shēng ér shén líng ruò ér néng yán

1.1 昔在黄帝，生而神灵，弱而能言，

yòu ér xùn qí zhǎng ér dūn mǐn chéng ér dēng tiān

幼而徇齐，长而敦敏，成而登天。

nǎi wèn yú tiān shī yuē yú wén shàng gǔ zhī rén

1.2 乃问于天师曰：余闻上古之人，

chūn qiū jiē dù bǎi suì ér dòng zuò bù shuāi jīn shí zhī

春秋皆度百岁，而动作不衰；今时之

rén nián bàn bǎi ér dòng zuò jiē shuāi zhě shí shì yì

人，年半百而动作皆衰者，时世异

yé rén jiāng shī zhī yé

耶？人将失之耶？

【**释读**】1.1 先圣黄帝，自幼聪慧，儿时善言，谦虚而机敏，长大后，敦厚而勤奋，成年后，登天子位。 1.2 他问岐伯：我听说上古的人，年龄超过百岁，动作不显衰老；现在的人，刚过半百，动作就衰弱无力了，这是由于时代不同造成的呢，还是因为今天的人不会养生造成的呢？

qí bó duì yuē shàng gǔ zhī rén qí zhī dào zhě

1.3 岐伯对曰：上古之人，其知道者，

fǎ yú yīn yáng hé yú shù shù shí yǐn yǒu jié qǐ

法于阴阳，和于术数，食饮有节，起

jū yǒu cháng bú wàng zuò láo gù néng xíng yǔ shén jù

居有常，不妄作劳，故能形与神俱，

ér jìn zhōng qí tiān nián dù bǎi suì nǎi qù

而尽终其天年，度百岁乃去。

jīn shí zhī rén bù rán yě yǐ jiǔ wéi jiāng yǐ wàng

1.4 今时之人不然也，以酒为浆，以妄

wéi cháng zuì yǐ rù fáng yǐ yù jié qí jīng yǐ hào

为常，醉以入房，以欲竭其精，以耗

sàn qí zhēn bù zhī chí mǎn bù shí yù shén wù kuài

散其真，不知持满，不时御神，务快

qí xīn nì yú shēng lè qǐ jū wú jié gù bàn bǎi

其心，逆于生乐，起居无节，故半百

ér shuāi yě

而衰也。

【释读】1.3 岐伯回答说：上古的人，懂得养生之道，能够遵循阴阳法则和天地变化规律加以适应、调和养生的方法，做到饮食有节制，作息有规律，不妄做过劳的事，又避免过度的房事，所以能够身心健康，寿命超过百岁。 1.4 今人把酒当饮料，纵欲无度，过度满足嗜好而耗散体内真气，不知道适可而止。一味追求感官刺激，图一时之快，不知养护精神，违反自然法则，生活起居没有规律，所以到半百就衰老了。

fú shàng gǔ shèng rén zhī jiào xià yě, jiē wèi zhī xū
1.5 夫上古圣人之教下也，皆谓之虚
xié zéi fēng, bì zhī yǒu shí, tián dàn xū wú, zhēn qì
邪贼风，避之有时，恬惔虚无，真气
cóng zhī, jīng shén nèi shǒu, bìng ān cóng lái
从之，精神内守，病安从来？

shì yǐ zhì xián ér shǎo yù, xīn ān ér bú jù, xíng
1.6 是以志闲而少欲，心安而不惧，形
láo ér bú juàn, qì cóng yǐ shùn, gè cóng qí yù, jiē
劳而不倦，气从以顺，各从其欲，皆
dé suǒ yuàn
得所愿。

gù měi qí shí, rèn qí fú, lè qí sú, gāo xià
1.7 故美其食，任其服，乐其俗，高下
bù xiāng mù, qí mín gù yuē pǔ
不相慕，其民故曰朴。

【释读】1.5 古先贤教导，对致病的虚邪贼风等因素应及时避开，要恬静温和，不生杂念妄想，保持精神不散，这样做，就不会得病。 1.6 人们只要心志安定，减少欲望，从容淡定不焦虑，劳动而不过于疲倦，真气调顺，每个人的合理愿望都能实现。 1.7 健康人吃粗茶淡饭都觉香甜，穿什么衣服都觉舒服，乐于过愉快平凡的生活，不争名夺利，这就称得上是淳朴的生活。

shì yǐ shì yù bù néng láo qí mù yín xié bù néng huò qí xīn yú zhì xián bú xiào bù jù yú wù gù hé yú dào

1.8 是以嗜欲不能劳其目，淫邪不能惑其心，愚智贤不肖，不惧于物，故合于道。

suǒ yǐ néng nián jiē dù bǎi suì ér dòng zuò bù shuāi zhě yǐ qí dé quán bù wēi yě

1.9 所以能年皆度百岁而动作不衰者，以其德全不危也。

dì yuē rén nián lǎo ér wú zǐ zhě cái lì jìn yé jiāng tiān shù rán yě

1.10 帝曰：人年老而无子者，材力尽邪？将天数然也？

【释读】1.8 任何不当的嗜欲不会吸引他们，淫邪的事物不能惑乱他们。无论智力高下、能力大小，都不会因外界事物的变化而恐惧担心，这才符合养生之道。 1.9 他们之所以能够百岁而不衰老，正是由于在生活中感悟和践行健康大道的结果。 1.10 黄帝说：人年老的时候，不能生育子女，是由于精力衰竭了呢，还是受自然规律的限定呢？

qí bó yuē nǚ zǐ qī suì shèn qì shí chǐ
1.11 岐伯曰：女子七岁，肾气实，齿
gēng fà zhǎng èr qī ér tiān guǐ zhì rèn mài tōng
更发长。二七，而天癸至，任脉通，
tài chòng mài shèng yuè shì yǐ shí xià gù yǒu zǐ
太冲脉盛，月事以时下，故有子。
sān qī shèn qì píng jūn gù zhēn yá shēng ér zhǎng jí
三七，肾气平均，故真牙生而长极。
sì qī jīn gǔ jiān fà zhǎng jí shēn tǐ shèng zhuàng
四七，筋骨坚，发长极，身体盛壮。
wǔ qī yáng míng mài shuāi miàn shǐ jiāo fà shǐ duò
五七，阳明脉衰，面始焦，发始堕。
liù qī sān yáng mài shuāi yú shàng miàn jiē jiāo fà shǐ
六七，三阳脉衰于上，面皆焦，发始
bái qī qī rèn mài xū tài chòng mài shuāi shǎo tiān
白。七七，任脉虚，太冲脉衰少，天
guǐ jié dì dào bù tōng gù xíng huài ér wú zǐ yě
癸竭，地道不通，故形坏而无子也。

【释读】1.11 岐伯说：女子七岁时，肾气盛旺起来，乳牙更换，头发开始茂密；十四岁时，天癸产生，任脉通畅，太冲脉旺盛，月经按时来潮，身体开始走向成熟；二十一岁时，肾气充足，智齿生长；二十八岁时，筋骨强健有力，头发生长最茂盛，此时身体最为强壮；三十五岁时，阳明经脉气血逐渐衰弱，面部开始憔悴，头发也开始脱落；四十二岁时，三阳经脉气血衰弱，面部憔悴无华，头发开始变白；四十九岁时，任脉气血虚弱，太冲脉的气血也逐渐衰弱泄，天癸枯竭，绝经，形体衰老，失去生育能力。

zhàng fū bā suì shèn qì shí fà zhǎng chǐ gēng
1.12 丈夫八岁，肾气实，发长齿更。
èr bā shèn qì shèng tiān guǐ zhì jīng qì yì yīn yáng
二八，肾气盛，天癸至，精气溢，阴阳
hé gù néng yǒu zǐ sān bā shèn qì píng jūn jīn
和，故能有子。三八，肾气平均，筋
gǔ jìn qiáng gù zhēn yá shēng ér zhǎng jí sì bā jīn
骨劲强，故真牙生而长极。四八，筋
gǔ lóng shèng jī ròu mǎn zhuàng wǔ bā shèn qì shuāi
骨隆盛，肌肉满壮。五八，肾气衰，
fà duò chǐ gǎo liù bā yáng qì shuāi jié yú shàng
发堕齿槁。六八，阳气衰竭于上，
miàn jiāo fà bìn bān bái qī bā gān qì shuāi jīn
面焦，发鬓斑白。七八，肝气衰，筋
bù néng dòng bā bā tiān guǐ jié jīng shǎo shèn zàng
不能动。八八，天癸竭，精少，肾脏
shuāi zé chǐ fà qù xíng tǐ jiē jí
衰，则齿发去，形体皆极。

【释读】1.12 男子到了八岁，肾气充实起来，头发开始茂密，乳牙更换；十六岁时，肾气旺盛，天癸产生，精气满溢而能外泄，身体开始走向成熟；二十四岁时，肾气充足，筋骨强健有力，智齿生长；三十二岁时，筋骨丰隆盛实，肌肉亦丰满健壮；四十岁时，肾气衰退，头发开始脱落，牙齿开始枯竭；四十八岁时，上部阳气逐渐衰竭，面部憔悴无华，头发和两鬓花白；五十六岁时，肝气衰弱，筋骨的活动不能灵活自如；六十四岁时，天癸枯竭，精气少，肾脏衰，牙齿头发脱落，形体衰疲。

huáng dì yuē yú wén shàng gǔ yǒu zhēn rén zhě tí
1.13 黄帝曰：余闻上古有真人者，提
qiè tiān dì bǎ wò yīn yáng hū xī jīng qì dú lì
挈天地，把握阴阳，呼吸精气，独立
shǒu shén jī ròu ruò yī gù néng shòu bì tiān dì wú
守神，肌肉若一，故能寿敝天地，无
yǒu zhōng shí cǐ qí dào shēng
有终时，此其道生。

zhōng gǔ zhī shí yǒu zhì rén zhě chún dé quán
1.14 中古之时，有至人者，淳德全
dào hé yú yīn yáng tiáo yú sì shí qù shì lí
道，和于阴阳，调于四时，去世离
sú jī jīng quán shén yóu xíng tiān dì zhī jiān shì tīng
俗，积精全神，游行天地之间，视听
bā dá zhī wài cǐ gài yì qí shòu mìng ér qiáng zhě yě
八达之外，此盖益其寿命而强者也，
yì guī yú zhēn rén
亦归于真人。

【释读】 1.13 黄帝说：传说上古时代有“真人”，掌握天地阴阳变化的规律，能够调节呼吸，吸收自然精气，精神守持于内，筋骨肌肉及整个身心高度和谐，所以寿命很长很长，这是他悟道又行道的结果。 1.14 中古的时候，有称为“至人”的人，能够适应阴阳四时的变化，不受世俗偏见的影响，聚精会神，能够感受千里之外的自然变化，这是他延寿和强身的方法，这种人也可归属“真人”。

qí cì yǒu shèng rén zhě chǔ tiān dì zhī hé cóng
1.15 其次有圣人者，处天地之和，从
bā fēng zhī lǐ shì shì yù yú shì sú zhī jiān wú huì
八风之理，适嗜欲于世俗之间，无恚
chēn zhī xīn xíng bú yù lí yú shì jǔ bú yù guān yú
嗔之心，行不欲离于世，举不欲观于
sú wài bù láo xíng yú shì nèi wú sī xiǎng zhī huàn
俗，外不劳形于事，内无思想之患，
yǐ tián yú wéi wù yǐ zì dé wéi gōng xíng tǐ bú
以恬愉为务，以自得为功，形体不
bì jīng shén bú sàn yì kě yǐ bǎi shù
敝，精神不散，亦可以百数。

qí cì yǒu xián rén zhě fǎ zé tiān dì xiàng sì
1.16 其次有贤人者，法则天地，象似
rì yuè biàn liè xīng chén nì cóng yīn yáng fēn bié sì
日月，辨列星辰，逆从阴阳，分别四
shí jiāng cóng shàng gǔ hé tóng yú dào yì kě shǐ yì shòu
时，将从上古合同于道，亦可使益寿
ér yǒu jí shí
而有极时。

【释读】1.15 其次有称为“圣人”的人，能够安处于有利的自然环境之中，顺从自然规律，和世俗社会相适应，没有恼怒怨恨之情；行为不离开世俗的一般准则，举动不搞特殊，不让身体过度劳累，没有思想负担，保持恬静悠然心态，容易被满足。所以其身体不易疲惫，精神不易耗散，寿命也可达到百岁。 1.16 其次有称为“贤人”的人，能够依据天地、日月变化，尽量适应阴阳、四时的消长和变迁，思想行为上努力学习“真人”，使生活符合养生之道，也能健康长寿。

dì èr jiǎng sì qì tiáo shén dà lùn piān jié xuǎn

第二讲 四气调神大论篇（节选）

chūn sān yuè cǐ wèi fā chén tiān dì jù shēng wàn

2.1 春三月，此谓发陈。天地俱生，万

wù yǐ róng yè wò zǎo qǐ guǎng bù yú tíng pī fà

物以荣，夜卧早起，广步于庭，被发

huǎn xíng yǐ shǐ zhì shēng shēng ér wù shā yǔ ér wù

缓形，以使志生，生而勿杀，予而勿

duó shǎng ér wù fá cǐ chūn qì zhī yìng yǎng shēng zhī

夺，赏而勿罚，此春气之应，养生之

dào yě nì zhī zé shāng gān xià wéi hán biàn fèng zhǎng

道也；逆之则伤肝，夏为寒变，奉长

zhě shǎo

者少。

【释读】2.1 春季是万物推陈出新之间的季节。天地之间万物生发、欣欣向荣；晚10点入睡、早6点起床，然后披散头发，穿宽松衣服，使形体舒缓，在庭院中漫步，生发心志，让内心充满生机。保持精神愉快，制订一年的学习计划；不要杀伤生命，多施少敛，多奖少罚，这是适应春季的时令，保养生发之气的方法；如果违逆了春生之气，便会损伤肝脏，夏季易发寒性病变，影响夏季的生长。

xià sān yuè cǐ wèi fán xiù tiān dì qì jiāo wàn

2.2 夏三月，此谓蕃秀。天地气交，万

wù huā shí yè wò zǎo qǐ wú yàn yú rì shǐ zhì

物华实，夜卧早起，无厌于日，使志

wú nù shǐ huá yīng chéng xiù shǐ qì dé xiè ruò suǒ

无怒，使华英成秀，使气得泄，若所

ài zài wài cǐ xià qì zhī yìng yǎng zhǎng zhī dào yě

爱在外，此夏气之应，养长之道也；

nì zhī zé shāng xīn qiū wéi jiē nüè fèng shōu zhě shǎo

逆之则伤心，秋为痎疟，奉收者少。

【释读】2.2 夏季是自然界万物繁茂秀美的时令；此时，天气下降，地气上腾，天地之气相交，雨水充沛；植物长势旺盛，开花结果；可以晚10点半入睡、早5点半起床练功；不要讨厌阳光，保持心情愉快而不发怒；把春天的生发转化为实在的果实；使气机通畅疏泄自如；保持对外界事物浓厚的兴趣和探索激情；这是适应夏季的气候，健康成长之道。如果违逆了夏长之气，则会损伤心脏，使提供给秋收之气的条件不足，秋季易患痎疟，“收获”就少。

qiū sān yuè cǐ wèi róng píng tiān qì yǐ jí dì
2.3 秋三月，此谓容平。天气以急，地
qì yǐ míng zǎo wò zǎo qǐ yǔ jī jù xīng shǐ zhì
气以明，早卧早起，与鸡俱兴，使志
ān níng yǐ huǎn qiū xíng shōu liǎn shén qì shǐ qiū qì
安宁，以缓秋刑，收敛神气，使秋气
píng wú wài qí zhì shǐ fèi qì qīng cǐ qiū qì zhī
平，无外其志，使肺气清，此秋气之
yìng yǎng shōu zhī dào yě nì zhī zé shāng fèi dōng wéi
应，养收之道也；逆之则伤肺，冬为
sūn xiè fèng cáng zhě shǎo
飧泄，奉藏者少。

【释读】2.3 秋季万物成熟，可从容平和收获；此时天高云淡，风大湿气减少；要晚9点半入睡、早6点起床，尽量和鸡保持相同的作息时间；保持神志的安宁，减缓秋季肃杀之气对人体的影响；收敛神气，不胡思乱想，以适应秋季容平的特征；以保持肺气的清肃功能，这就是适应秋令的特点而保养人体收敛之气的方法；若违逆了秋收之气，则伤及肺脏，冬季可收藏之气就会减少，易发生飧泄病。

2.4 冬三月，此谓闭藏。水冰地坼，无扰乎阳，早卧晚起，必待日光，使志若伏若匿，若有私意，若已有得，去寒就温，无泄皮肤，使气亟夺。此冬气之应，养藏之道也；逆之则伤肾，春为痿厥，奉生者少。

dōng sān yuè, cǐ wèi bì cáng. shuǐ bīng dì chè, wú rǎo hū yáng, zǎo wò wǎn qǐ, bì dài rì guāng, shǐ zhì ruò fú ruò nì, ruò yǒu sī yì, ruò yǐ yǒu dé, qù hán jiù wēn, wú xiè pí fū, shǐ qì qì duó. cǐ dōng qì zhī yìng, yǎng cáng zhī dào yě; nì zhī zé shāng shèn, chūn wéi wěi jué, fèng shēng zhě shǎo.

【释读】2.4 冬季是生机潜伏，万物蛰藏的季节；水寒成冰，大地龟裂；晚9点入睡、早7点起床，阳光照耀时再到户外锻炼；不要轻易地扰动阳气，工作学习都保持安静自若状态；好像有个人的秘密，严藏而不外泄；既躲避严寒保持温暖，又不能室温太高而使皮肤开泄出汗，否则就违背了冬藏的原则，必然会伤阳气；违逆了冬藏的原则，就要损伤肾脏，使提供给春生之气的条件不足，春天易发痿厥之疾。

tiān qì qīng jìng guāng míng zhě yě　cáng dé bù zhǐ

2.5 天气清净光明者也，藏德不止，

gù bú xià yě　tiān míng zé rì yuè bù míng　xié hài kōng

故不下也。天明则日月不明，邪害空

qiào　yáng qì zhě bì sè　dì qì zhě mào míng　yún wù

窍，阳气者闭塞，地气者冒明，云雾

bù jīng　zé shàng yìng bái lù bú xià

不精，则上应白露不下。

jiāo tōng bù biǎo　wàn wù mìng gù bù shī　bù shī zé

2.6 交通不表，万物命故不施，不施则

míng mù duō sǐ　è qì bù fā　fēng yǔ bù jié　bái

名木多死。恶气不发，风雨不节，白

lù bú xià　zé yùn gǎo bù róng

露不下，则菀槁不荣。

【释读】2.5 天气清净光明，蕴藏其德，运行不止，由于天不暴露自己的光明德泽，所以永远保持它内蕴的力量而不会下泄。如果天气阴霾晦暗，就会出现日月昏暗，阴霾邪气侵害山川，阳气闭塞不通，大地昏蒙不明，云雾弥漫，日色无光，相应的雨露不能下降。 2.6 天地之气不交，万物的生命就不能绵延。生命不能绵延，自然界高大的树木也会死亡。恶劣的气候发作，风雨无时，雨露当降而不降，草木不得滋润，生机郁塞，茂盛的禾苗也会枯槁。

zéi fēng shù zhì bào yǔ shù qǐ tiān dì sì shí bù xiāng bǎo yǔ dào xiāng shī zé wèi yāng jué miè wéi shèng rén cóng zhī gù shēn wú qí bìng wàn wù bù shī shēng qì bù jié

2.7 贼风数至，暴雨数起，天地四时不相保，与道相失，则未央绝灭。唯圣人从之，故身无奇病，万物不失，生气不竭。

nì chūn qì zé shǎo yáng bù shēng gān qì nèi biàn nì xià qì zé tài yáng bù cháng xīn qì nèi dòng nì qiū qì zé tài yīn bù shōu fèi qì jiāo mǎn nì dōng qì zé shǎo yīn bù cáng shèn qì zhuó chén

2.8 逆春气，则少阳不生，肝气内变；逆夏气，则太阳不长，心气内洞；逆秋气，则太阴不收，肺气焦满；逆冬气，则少阴不藏，肾气浊沉。

【释读】2.7 贼风频频而至，暴雨不时而作，天地四时的变化失去了秩序，违背了正常的规律，致使万物的生命未及一半就夭折了。只有圣人能适应自然变化，注重养生之道，所以身无大病，因不背离自然万物的发展规律，而生机不会竭绝。 2.8 违逆了春生之气，少阳就不会生发，以致肝气内郁而发生病变。违逆了夏长之气，太阳就不能盛长，以致心气内虚。违逆了秋收之气，太阴就不能收敛，以致肺热叶焦而胀满。违逆了冬藏之气，少阴就不能潜藏，以致肾气不蓄，容易发生泌尿系统疾病。

2.9 夫四时阴阳者，万物之根本也。所以圣人春夏养阳，秋冬养阴，以从其根。逆其根，则伐其本，坏其真矣。

fū sì shí yīn yáng zhě, wàn wù zhī gēn běn yě. suǒ yǐ shèng rén chūn xià yǎng yáng, qiū dōng yǎng yīn, yǐ cóng qí gēn. nì qí gēn, zé fá qí běn, huài qí zhēn yǐ.

2.10 故阴阳四时者，万物之终始也，死生之本也，逆之则灾害生，从之则苛疾不起，是谓得道。

gù yīn yáng sì shí zhě, wàn wù zhī zhōng shǐ yě, sǐ shēng zhī běn yě, nì zhī zé zāi hài shēng, cóng zhī zé kē jí bù qǐ, shì wèi dé dào.

【**释读**】2.9 四时阴阳的变化，是万物生命的根本，所以圣人在春夏季节保养阳气以适应生长的需要，在秋冬季节保养阴气以适应收藏的需要，这就顺从了生命发展的根本规律。如果违逆了这个规律，就会伤害生命，破坏真元之气。 2.10 阴阳四时是万物的终始，是盛衰存亡的根本，背逆就生灾害，顺从就不会生重病，这样便可谓懂得了养生之道。

dào zhě shèng rén xíng zhī yú zhě bèi zhī cóng
2.11 道者，圣人行之，愚者背之。从
yīn yáng zé shēng nì zhī zé sǐ cóng zhī zé zhì nì
阴阳则生，逆之则死；从之则治，逆
zhī zé luàn fǎn shùn wéi nì shì wèi nèi gé
之则乱。反顺为逆，是谓内格。

shì gù shèng rén bú zhì yǐ bìng zhì wèi bìng bú
2.12 是故圣人不治已病，治未病；不
zhì yǐ luàn zhì wèi luàn cǐ zhī wèi yě fú bìng yǐ
治已乱，治未乱，此之谓也。夫病已
chéng ér hòu yào zhī luàn yǐ chéng ér hòu zhì zhī pì yóu
成而后药之，乱已成而后治之，譬犹
kě ér chuān jǐng dòu ér zhù bīng bù yì wǎn hū
渴而穿井，斗而铸兵，不亦晚乎？

【**释读**】2.11 对于养生之道，圣人能够积极践行，愚人则时常有所违背。顺从阴阳的消长，就能生存，违逆就会死亡。顺从则正常，违逆则出乱。相反，如背道而行，肌体内部就会出现内斗、混乱。 2.12 圣人不是等病发生了再去治疗，而是防病在前，如同不能等到社会乱了再去治理，而是治理在它发生之前。如果等疾病发生了，再去治疗；等动乱形成了，再去治理，就如同临渴而掘井，战乱发生了再去铸造兵器，那不是太晚了吗？同学们从小学习《黄帝内经》，就是为了学习防病的知识，树立“不治已病治未病”的理念，养成正确的生活、学习习惯。

dì sān jiǎng jīn kuì zhēn yán lùn piān jié xuǎn

第三讲 金匮真言论篇（节选）

huáng dì wèn yuē tiān yǒu bā fēng jīng yǒu wǔ
fēng hé wèi qí bó duì yuē bā fēng fā xié yǐ wéi
jīng fēng chù wǔ zàng xié qì fā bìng suǒ wèi dé sì
shí zhī shèng zhě chūn shèng cháng xià cháng xià shèng dōng dōng
shèng xià xià shèng qiū qiū shèng chūn suǒ wèi sì shí zhī
shèng yě

3.1 黄帝问曰：天有八风，经有五风，何谓？岐伯对曰：八风发邪以为经风，触五脏，邪气发病。所谓得四时之胜者，春胜长夏，长夏胜冬，冬胜夏，夏胜秋，秋胜春，所谓四时之胜也。

【释读】3.1 黄帝问道：自然界有八风，人的经脉病变又有五风的说法，这是怎么回事呢？岐伯答：自然界的八风是外部的致病邪气，他侵犯经脉，产生经脉的风病，风邪还会继续侵害五脏，使五脏发生病变（风向不同，所携带能量信息不同，对生命的影响不同）。一年四季，有相克的关系，如春胜长夏，长夏胜冬，冬胜夏，夏胜秋，秋胜春，某个季节出现了克制的季节气候，这就是所谓四时相胜。

3.2 东风生于春，病在肝，俞（腧）在颈项；南风生于夏，病在心，俞（腧）在胸胁；西风生于秋，病在肺，俞（腧）在肩背；北风生于冬，病在肾，俞（腧）在腰股；中央为土，病在脾，俞（腧）在脊。

【释读】3.2（自然的大气候必然影响人体的小气候，只有通过自我调节来保持小气候的相对稳定，才能健康）东风生于春季，病多发生在肝，肝的经气“输通”于颈项。南风生于夏季，病多发生于心，心的经气“输通”于胸胁。西风生于秋季，病多发生在肺，肺的经气“输通”于肩背。北风生于冬季，病多发生在肾，肾的经气“输通”于腰股。长夏季节和中央的方位属于土，病多发生在脾，脾的经气“输通”于脊。

3.3

gù chūn qì zhě, bìng zài tóu; xià qì zhě, bìng zài zàng; qiū qì zhě, bìng zài jiān bèi; dōng qì zhě, bìng zài sì zhī。gù chūn shàn bìng qiú nǜ, zhòng xià shàn bìng xiōng xié, cháng xià shàn bìng dòng xiè hán zhōng, qiū shàn bìng fēng nüè, dōng shàn bìng bì jué。

故春气者，病在头；夏气者，病在脏；秋气者，病在肩背；冬气者，病在四肢。故春善病鼽衄，仲夏善病胸胁，长夏善病洞泄寒中，秋善病风疟，冬善病痹厥。

3.4

gù dōng bú àn qiāo, chūn bù qiú nǜ, chūn bú bìng jǐng xiàng, zhòng xià bú bìng xiōng xié; cháng xià bú bìng dòng xiè hán zhōng, qiū bú bìng fēng nüè, dōng bú bìng bì jué、sūn xiè, ér hàn chū yě。

故冬不按硚，春不鼽衄，春不病颈项，仲夏不病胸胁；长夏不病洞泄寒中，秋不病风疟，冬不病痹厥、飧泄，而汗出也。

【释 读】 3.3 （风为百病之长）所以春季邪气伤人，多病在头部；夏季邪气伤人，多病在心脏；秋季邪气伤人，多病在肩背；冬季邪气伤人，多病在四肢。春天多发生嬶衄（鼻出血），夏天多发生在胸胁方面的疾患，长夏季多发生腹泄等里寒证，秋天多发生风疟，冬天多发生痹厥（肢体、关节疼痛）。 3.4 若冬天不进行按脐等扰动阳气的活动（冬季闭藏，不宜进行按摩、导引的治疗），来年春天就不会发生鼽衄（鼻出血、流清涕）和颈项部位的疾病，夏天就不会发生胸胁（前胸和两腹下肋骨部位）的疾患，长夏季节就不会发生洞泄（腹泄）一类的里寒病，秋天就不会发生风疟病，冬天也不会发生痹厥（肢体疼痛麻木）、飧泄（拉肚子）、汗出过多等病症。

fū jīng zhě shēn zhī běn yě gù cāng yú jīng zhě
3.5 夫精者，身之本也。故藏于精者，

chūn bú bìng wēn xià shǔ hàn bù chū zhě qiū chéng fēng nüè
春不病温。夏暑汗不出者，秋成风疟。

gù yuē yīn zhōng yǒu yīn yáng zhōng yǒu yáng píng
3.6 故曰：阴中有阴，阳中有阳。平

dàn zhì rì zhōng tiān zhī yáng yáng zhōng zhī yáng yě rì
旦至日中，天之阳，阳中之阳也；日

zhōng zhì huáng hūn tiān zhī yáng yáng zhōng zhī yīn yě hé
中至黄昏，天之阳，阳中之阴也；合

yè zhì jī míng tiān zhī yīn yīn zhōng zhī yīn yě jī
夜至鸡鸣，天之阴，阴中之阴也；鸡

míng zhì píng dàn tiān zhī yīn yīn zhōng zhī yáng yě
鸣至平旦，天之阴，阴中之阳也。

【释读】3.5 精是人体的根本，所以阴精内藏而不妄泄，春天就不会得温热病。夏暑阳盛，如果不能排汗散热，到秋天就会酿成风疟病。 3.6 所以说：阴阳之中，还各有阴阳。白昼属阳，平旦到中午，为阳中之阳。中午到黄昏，则属阳中之阴。黑夜属阴，合夜（半夜）到鸡鸣，为阴中之阴。鸡鸣到平旦，则属阴中之阳。

gù rén yì yìng zhī fū yán rén zhī yīn yáng zé
3.7 故人亦应之，夫言人之阴阳，则
wài wéi yáng nèi wéi yīn yán rén shēn zhī yīn yáng zé
外为阳，内为阴。言人身之阴阳，则
bèi wéi yáng fù wéi yīn yán rén shēn zhī zàng fǔ zhōng
背为阳，腹为阴。言人身之脏腑中
yīn yáng zé zàng zhě wéi yīn fǔ zhě wéi yáng gān
阴阳，则脏者为阴，腑者为阳。肝、
xīn pí fèi shèn wǔ zàng jiē wéi yīn dǎn
心、脾、肺、肾，五脏皆为阴，胆、
wèi dà cháng xiǎo cháng páng guāng sān jiāo liù fǔ
胃、大肠、小肠、膀胱、三焦，六腑
jiē wéi yáng
皆为阳。

【释读】3.7 人的情况也与此相应。就人体阴阳而论，外部属阳，内部属阴。就身体的部位来分阴阳，则背为阳，腹为阴。从脏腑的阴阳划分来说，则脏属阴，腑属阳，肝、心、脾、肺、肾五脏都属阴。胆、胃、大肠、小肠、膀胱、三焦六腑都属阳。

3.8 所以欲知阴中之阴，阳中之阳者，何也？为冬病在阴，夏病在阳，春病在阴，秋病在阳，皆视其所在，为施针石也。

3.9 故背为阳，阳中之阳，心也；背为阳，阳中之阴，肺也；腹为阴，阴中之阴，肾也；腹为阴，阴中之阳，肝也；腹为阴，阴中之至阴，脾也。

【释读】3.8 所以要了解阴阳之中复有阴阳的道理，就要分析四时疾病在阴还是在阳，以作为治疗的依据，如冬病在阴，夏病在阳，春病在阴，秋病在阳，都要根据疾病的部位来施用针刺和砭石（刮痧）的疗法。 3.9 此外，背为阳，阳中之阳为心（发散），阳中之阴为肺。腹为阴，阴中之阴为肾，阴中之阳为肝，阴中的至阴为脾（收敛）。

cǐ jiē yīn yáng biǎo lǐ nèi wài cí xióng xiāng shū

3.10 此皆阴阳表里，内外雌雄，相输

yīng yě gù yǐ yìng tiān zhī yīn yáng yě

应也。故以应天之阴阳也。

dì yuē wǔ zàng yīng sì shí gè yǒu shōu shòu

3.11 帝曰：五脏应四时，各有收受

hū qí bó yuē yǒu

乎？岐伯曰：有。

【释读】3.10 以上这些都是人体阴阳表里、内外雌雄相互联系又相互对应的例证，所以人与自然界的阴阳是相应的。 3.11 黄帝说：五脏除与四时相应外，它们各自还有相类似的事物可以归纳起来吗？岐伯说：有。

3.12 东方青色，入通于肝，开窍于目，藏精于肝。其病发惊骇，其味酸，其类草木，其畜鸡，其谷麦，其应四时，上为岁星，是以春气在头也。其音角，其数八，是以知病之在筋也，其臭臊。

dōng fāng qīng sè，rù tōng yú gān，kāi qiào yú mù，zàng jīng yú gān。qí bìng fā jīng hài，qí wèi suān，qí lèi cǎo mù，qí chù jī，qí gǔ mài，qí yìng sì shí，shàng wéi suì xīng，shì yǐ chūn qì zài tóu yě。qí yīn jué，qí shù bā，shì yǐ zhī bìng zhī zài jīn yě，qí xiù sāo。

【释读】3.12 比如东方青色，与肝相通，肝开窍于目，经气内藏于肝，发病常表现为惊骇，在五味为酸，与草木同类，在五蓄为鸡，在五谷为麦，与四时中的夏季相应，在天体为岁星，春天阳气上升，所以其气在头，在五音为角（中国古乐的音律分为五音和十二律。其中五音为宫、商、角、徵、羽。中医可以用音律治病），其成数为八，因肝主筋，所以它的疾病多发生在筋。此外，在嗅味为臊。

nán fāng chì sè rù tōng yú xīn kāi qiào yú ěr
3.13 南方赤色，入通于心，开窍于耳，
cáng jīng yú xīn gù bìng zài wǔ zàng qí wèi kǔ qí
藏精于心，故病在五脏。其味苦，其
lèi huǒ qí chù yáng qí gǔ shǔ qí yìng sì shí
类火，其畜羊，其谷黍，其应四时，
shàng wéi yíng huò xīng shì yǐ zhī bìng zhī zài mài yě qí
上为荧惑星。是以知病之在脉也。其
yīn zhǐ qí shù qī qí xiù jiāo
音徵，其数七，其臭焦。

zhōng yāng huáng sè rù tōng yú pí kāi qiào yú kǒu
3.14 中央黄色，入通于脾，开窍于口，
cáng jīng yú pí gù bìng zài shé běn qí wèi gān qí
藏精于脾，故病在舌本。其味甘，其
lèi tǔ qí chù niú qí gǔ jì qí yìng sì shí
类土，其畜牛，其谷稷，其应四时，
shàng wéi zhèn xīng shì yǐ zhī bìng zhī zài ròu yě qí yīn
上为镇星。是以知病之在肉也。其音
gōng qí shù wǔ qí xiù xiāng
宫，其数五，其臭香。

【释读】3.13 南方赤色，与心相通，心开窍于耳，精气内藏与心，在五味为苦，与火同类，在五畜为羊，在五谷为黍，与四时中的夏季相应，在天体为荧惑星，他的疾病多发生在脉和五脏，在五音为徵，其成数为七。此外，在嗅味为焦。 3.14 中央黄色，与脾相通，脾开窍于口，精气内藏于脾，在五味为甘，与土同类，在五畜为牛，在五谷为稷，与四时中的长夏相应，在天体为镇星，他的疾病多发生在舌根和肌肉，在五音为宫，其生数为五。此外，在嗅味为香。

xī fāng bái sè rù tōng yú fèi kāi qiào yú
3.15 西方白色，入通于肺，开窍于
bí cáng jīng yú fèi gù bìng zài bèi qí wèi xīn
鼻，藏精于肺，故病在背。其味辛，
qí lèi jīn qí chù mǎ qí gǔ dào qí yìng sì
其类金，其畜马，其谷稻，其应四
shí shàng wéi tài bái xīng shì yǐ zhī bìng zhī zài pí máo
时，上为太白星。是以知病之在皮毛
yě qí yīn shāng qí shù jiǔ qí xiù xīng
也。其音商，其数九，其臭腥。

běi fāng hēi sè rù tōng yú shèn kāi qiào yú èr
3.16 北方黑色，入通于肾，开窍于二
yīn cáng jīng yú shèn gù bìng zài xī qí wèi xián
阴，藏精于肾，故病在谿。其味咸，
qí lèi shuǐ qí chù zhì qí gǔ dòu qí yìng sì
其类水，其畜彘，其谷豆，其应四
shí shàng wéi chén xīng shì yǐ zhī bìng zhī zài gǔ yě
时，上为辰星。是以知病之在骨也。
qí yīn yǔ qí shù liù qí xiù fǔ
其音羽，其数六，其臭腐。

【释读】3.15　西方白色，与肺相通，肺开窍于鼻，精气内藏于肺，在五味为辛，与金同类，在五畜为马，在五谷为稻，与四时中的秋季相应，在天体为太白星，他的疾病多发生在背部和皮毛，在五音为商，其成数为九。此外，在嗅味为腥。　3.16　北方黑色，与肾相同，肾开窍于前后二阴，精气内藏于肾，病在小块肌肉接缝处。在五味为咸，与水同类，在五畜为猪，在五谷为豆，与四时中的冬季相应，在天体为辰星，疾病多发生在骨，在五音为羽，其成数为六。此外，其嗅味为腐。

gù shàn wéi mài zhě jǐn chá wǔ zàng liù fǔ yí
3.17 故善为脉者，谨察五脏六腑，一
nì yì cóng yīn yáng biǎo lǐ cí xióng zhī jì cáng zhī
逆一从，阴阳表里，雌雄之纪，藏之
xīn yì hé xīn yú jīng fēi qí rén wù jiāo fēi qí
心意，合心于精，非其人勿教，非其
zhēn wù shòu shì wèi dé dào
真勿授，是谓得道。

【释读】3.17 所以善于诊脉的医生，能够谨慎细心地审察五脏六腑的变化，了解其顺逆的情况，把阴阳、表里、雌雄的对应和联系，纲目分明地加以归纳，并把这些精深的道理，深深地记在心中。这些理论，至为宝贵，对于那些不是真心实意地学习而又不具备一定条件的人，切勿轻易传授，这才是爱护和珍视这门学问的正确态度。提醒：“上士闻道，勤而行之；中士闻道，若存若亡；下士闻道，大笑之。不笑不足以为道。”我们有幸从小学习《黄帝内经》，一定要牢记学习这些中医道理不是为了增加一点可以炫耀的知识，而是要努力感悟、理解其精髓，并在生活学习中去践行。

dì sì jiǎng　yīn yáng yīng xiàng dà lùn piān　jié xuǎn
第四讲　阴阳应象大论篇（节选）

huáng dì yuē　yīn yáng zhě　tiān dì zhī dào yě
4.1　黄帝曰：阴阳者，天地之道也，
wàn wù zhī gāng jì　biàn huà zhī fù mǔ　shēng shā zhī běn
万物之纲纪，变化之父母，生杀之本
shǐ　shén míng zhī fǔ yě　zhì bìng bì qiú yú běn
始，神明之府也。治病必求于本。

【释读】4.1　黄帝道：阴阳是天地间万物变化的一般规律，是一切事物的纲领，是万物变化的起源，是生长毁灭的根本，是万物生死变化的动力源泉。因此，诊治疾病，必须求得疾病产生的根本，也就是阴阳变化出现的问题。

4.2 故积阳为天，积阴为地。阴静阳躁；阳生阴长；阳杀阴藏；阳化气，阴成形。寒极生热，热极生寒；寒气生浊，热气生清；清气在下，则生飧泄；浊气在上，则生䐜胀。此阴阳反作，病之逆从也。

【释读】4.2 清阳之气聚于上，而成为天，浊阴之气积于下，而成为地。阴比较清静，阳比较躁动；阳主生发，阴主成长（由无到有为“生”，而由小至大为“长”）；阳主杀伐，阴主收藏（体内物质能量：气、血、津液等的生成需要阴阳协同，无阳躁特性则不能生，无阴静特性则不能长。“阳杀”指人体正气祛邪的功能，即杀邪气，无论是化痰饮、祛瘀血，还是清邪热，都需要有充沛的阳来实现；“阴藏”则指人体正常的闭藏功能，无论是藏血、藏精还是藏神，都需要有充沛的阴来实现。“阳化气”则指人体气的生成与消散，都要阳来实现，“阴成形”则是人体有形物质的生成需要阴来主导。“阳生”“阳杀”中的“生”“杀”均是阳的躁动特性的体现，与“生杀之本始”的“生”“杀”是同一含义。“生”“杀”无论对于物质还是生命都是最重要的。阳主始终“两端”，阴主“中间”。物理学发现“接近绝对零度原子仍有一定限度的振动，而不是静止”。即在阳躁和阴静两个特性中，阳躁是绝对的，阴静是相对的，其中起主导作用的毫无疑问是阳。而事物或生命的生成与消亡，都是阳的躁动的结果，阳的躁动适度则生，阳的躁动过度则杀。因为阳的主导作用，又因为“阳化气”这一特性，中医学自古以来高度重视阳气在养生保健、临床治疗中的作用）。阳能化生力量，阴能凝结形体。寒到极点会转化生热，热到极点会转化生寒；寒气的凝聚能产生浊阴，热气的升腾能产生清阳；清阳之气居下而不升，就会发生泄泻之病。浊阴之气居上而不降，就会发生胀满之病。这就是阴阳的运行规律，因此疾病也就有逆证和顺证的分别。

4.3 故清阳为天，浊阴为地。地气上为云，天气下为雨；雨出地气，云出天气。故清阳出上窍，浊阴出下窍；清阳发腠理，浊阴走五脏；清阳实四肢，浊阴归六腑。

【释 读】4.3 大自然的清阳之气上升为天，浊阴之气下降为地。地气蒸发上升为云，天气凝聚下降为雨；雨是地气上升之云转变而成的，云是由天气蒸发水汽而成的。故人体的变化也是这样，清阳之气出于上窍（指眼、耳、口、鼻七窍），浊阴之气出于下窍（指前后二阴）；清阳发泄于腠理，浊阴内注于五脏；清阳充实于四肢，浊阴内走于六腑。

shuǐ wéi yīn huǒ wéi yáng yáng wéi qì yīn wéi
4.4 水为阴，火为阳，阳为气，阴为
wèi wèi guī xíng xíng guī qì qì guī jīng jīng guī
味。味归形，形归气，气归精，精归
huà jīng sì qì xíng sì wèi huà shēng jīng qì shēng
化。精食气，形食味，化生精，气生
xíng wèi shāng xíng qì shāng jīng jīng huà wéi qì qì
形。味伤形，气伤精，精化为气，气
shāng yú wèi
伤于味。

【释读】4.4 水火分阴阳，则水属阴，火属阳。阳是无形的气，而阴则是有形的味，人体的功能属阳，饮食属阴。饮食滋养形体，而形体的生成又须依赖气化的功能，功能是由精所产生的，就是精可以化生功能。而精又是由气化而产生的，饮食经过生化作用而产生精，再经过气化作用滋养形体。如果饮食不节，也能损伤形体，机能活动太过，亦可以使精气耗伤，精可以产生功能，但功能也可以因为饮食不节而受损伤。

yīn wèi chū xià qiào yáng qì chū shàng qiào wèi hòu zhě
4.5 阴味出下窍；阳气出上窍。味厚者
wéi yīn bó wéi yīn zhī yáng qì hòu zhě wéi yáng bó
为阴，薄为阴之阳；气厚者为阳，薄
wéi yáng zhī yīn wèi hòu zé xiè bó zé tōng qì bó
为阳之阴。味厚则泄，薄则通。气薄
zé fā xiè hòu zé fā rè
则发泄，厚则发热。

zhuàng huǒ zhī qì shuāi shǎo huǒ zhī qì zhuàng zhuàng huǒ
4.6 壮火之气衰，少火之气壮；壮火
shí qì qì shí shǎo huǒ zhuàng huǒ sàn qì shǎo huǒ shēng
食气，气食少火；壮火散气，少火生
qì qì wèi xīn gān fā sàn wéi yáng suān kǔ yǒng xiè
气。气味，辛甘发散为阳，酸苦涌泄
wéi yīn
为阴。

【释读】 4.5 味属于阴趋向下窍，气属于阳趋向上窍。味厚的属纯阴，味薄的属于阴中之阳；气厚的属纯阳，气薄的属于阳中之阴。味厚的有泄下的作用，味薄的有疏通的作用；气薄的能向外发泄，气厚的能助阳生热。 4.6 阳气太过，能使元气衰弱，阳气正常，能使元气旺盛，因为过度亢奋的阳气，会损害元气，而元气却依赖正常的阳气，阳气过度亢进耗散元气，正常的阳气，却能增强元气。气味之中，辛甘而有发散功用的，属于阳，味酸苦而有通泄功用的，属于阴。

4.7 阴胜则阳病，阳胜则阴病。阳胜则热，阴胜则寒。重寒则热，重热则寒。寒伤形，热伤气。气伤痛，形伤肿。故先痛而后肿者，气伤形也，先肿而后痛者，形伤气也。风胜则动，热胜则肿，燥胜则干，寒胜则浮，湿胜则濡泻。

【释读】4.7 人体的阴阳是相对平衡的，如果阴气过强，则阳气受损而为病，阳气过强，则阴气过耗而为病。阳过强则生热病，阴偏盛则生寒病。寒到极点，会表现为热象；热到极点，又会出现寒泉。寒能伤形体，热能伤真气；真气受伤会产生疼痛，而形体受伤会发生肿胀。所以先痛而后肿的，是因为真气先伤而后影响到形体；先肿而后痛的，是形体先病而后影响真气。风邪太过，则能发生痉挛动摇；热邪太过，则能发生肌肉红肿；燥气太过，津液就会干枯；寒气太过，就会发生浮肿；湿气太过，就会发生濡泻。

tiān yǒu sì shí wǔ xíng yǐ shēng zhǎng shōu cáng yǐ
4.8 天有四时五行，以生长收藏，以
shēng hán shǔ zào shī fēng rén yǒu wǔ zàng huà wǔ qì yǐ
生寒暑燥湿风。人有五脏化五气，以
shēng xǐ nù bēi yōu kǒng gù xǐ nù shāng qì hán shǔ
生喜怒悲忧恐。故喜怒伤气，寒暑
shāng xíng bào nù shāng yīn bào xǐ shāng yáng jué qì
伤形。暴怒伤阴，暴喜伤阳。厥气
shàng xíng mǎn mài qù xíng xǐ nù bù jié hán shǔ guò
上行，满脉去形。喜怒不节，寒暑过
dù shēng nǎi bú gù
度，生乃不固。

【释读】4.8 大自然的变化有春、夏、秋、冬四时的交替，有生、长、收、藏的阶段变化，产生了风、寒、暑、燥、湿、火的自然之气，它影响了自然界的万物，形成了生、长、化、收藏的运动规律。人有肝、心、脾、肺、肾五脏，五脏之气化生五志，产生了喜、怒、忧、思、悲、恐、惊的情志活动。喜怒等情志变化，可以伤气，寒暑外侵，可以伤形。突然大怒，会损伤阴气，突然大喜，会损伤阳气。如果气逆上行，充满经脉，则神气浮越，离形体而去。所以，喜怒不加以节制，寒暑不善于调适，生命之基就不牢固。

4.9 故重阴必阳，重阳必阴。故曰：“冬伤于寒，春必温病；春伤于风，夏生飧泄；夏伤于暑，秋必痎疟；秋伤于湿，冬生咳嗽。”

【释读】4.9 因此阴气过盛会转化为阳病，阳气过盛也会转变为阴病。所以说：冬季受了寒气的伤害，春天就容易发生热性病；春天受了风气的伤害；夏季就容易发生飧泄；夏季受了暑气的伤害，秋天就容易发生疟疾；秋季受了湿气的伤害，冬天就容易发生咳嗽。

dì wǔ jiǎng　líng lán mì diǎn lùn piān　jié xuǎn

第五讲　灵兰秘典论篇（节选）

huáng dì wèn yuē　yuàn wén shí èr zàng zhī xiāng shǐ

5.1　黄帝问曰：愿闻十二脏之相使，

guì jiàn hé rú

贵贱何如？

qí bó duì yuē　xī hū zāi wèn yě　qǐng suì yán

5.2　岐伯对曰：悉乎哉问也，请遂言

zhī　xīn zhě　jūn zhǔ zhī guān yě　shén míng chū yān　fèi

之。心者，君主之官也，神明出焉。肺

zhě　xiàng fù zhī guān　zhì jié chū yān　gān zhě　jiāng jūn

者，相傅之官，治节出焉。肝者，将军

zhī guān　móu lǜ chū yān　dǎn zhě　zhōng zhèng zhī guān　jué

之官，谋虑出焉。胆者，中正之官，决

duàn chū yān　dàn zhōng zhě　chén shǐ zhī guān　xǐ lè chū

断出焉。膻中者，臣使之官，喜乐出

【释读】5.1　黄帝问道：请谈一下人体六脏六腑这十二个器官的责任分工和各自所起的作用怎样呢？　5.2 岐伯回答说：你问的真详细呀！请让我逐个解释。心，主宰全身，是君主之官，人的精神意识思维活动都由此而出；肺，是相傅之官，犹如相傅辅佐着君主，因主一身之气而调节全身的活动；肝，主怒，像将军一样的勇武，称为将军之官，谋略由此而出；胆，是清虚的，储藏精汁，具有决断的能力；膻中（心包），维护着心而接受其命令，是臣使之官，心志的喜乐，靠它传布出来；

yān pí wèi zhě cāng lǐn zhī guān wǔ wèi chū yān
焉。脾胃者，仓廪之官，五味出焉。
dà cháng zhě chuán dǎo zhī guān biàn huà chū yān xiǎo cháng
大肠者，传道之官，变化出焉。小肠
zhě shòu chéng zhī guān huà wù chū yān shèn zhě zuò
者，受盛之官，化物出焉。肾者，作
qiáng zhī guān jì qiǎo chū yān sān jiāo zhě jué dú zhī
强之官，伎巧出焉。三焦者，决渎之
guān shuǐ dào chū yān páng guāng zhě zhōu dū zhī guān
官，水道出焉。膀胱者，州都之官，
jīn yè cáng yān qì huà zé néng chū yǐ
津液藏焉，气化则能出矣。

脾和胃司饮食的受纳和布化，是仓廪之官，五味的营养靠它们的作用而得以消化、吸收和运输；大肠是传导之官，它能发酵食物的残渣，充分吸收营养，把最后不能吸收的物质（粪便）排出体外；小肠是受盛之官，它承受胃中下行的食物而进一步分化清浊；肾，是精力的源，它能够使人发挥强力而产生各种技巧；三焦，是决渎之官，它能够通行水道；膀胱，是州都之官，是水液聚会的地方，通过气化作用，方能排出尿液。

5.3 凡此十二官者，不得相失也。故主明则下安，以此养生则寿，殁世不殆，以为天下则大昌。主不明则十二官危，使道闭塞而不通，形乃大伤，以此养生则殃，以为天下者，其宗大危，戒之戒之！

【释读】5.3 以这十二脏器，虽有分工，但其作用应该协调而不能相互脱节。所以，君主如果明智顺达，则下属也会安定正常，用这样的道理来养生，就可以使人长寿，终生不会发生严重的病，根据这个道理来治理天下，国家就会昌盛繁荣。反之，君主如果不明智顺达，那么，包括其本身在内的十二脏器就都要发生危险，各器官发挥正常作用的途径闭塞不通，形体就要受到严重伤害。在这种情况下，谈养生续命是不可能的，只会招致灾殃，缩短寿命。同样，以君主之昏聩不明来治理天下，那政权就危险难保了，千万要警惕再警惕呀！

zhì dào zài wēi biàn huà wú qióng shú zhī qí yuán
5.4 至道在微，变化无穷，孰知其原！
jiǒng hū zāi xiāo zhě jù jù shú zhī qí yào mǐn mǐn
窘乎哉！消者瞿瞿，孰知其要！闵闵
zhī dāng shú zhě wéi liáng huǎng hū zhī shù shēng yú háo
之当，孰者为良！恍惚之数，生于毫
lí háo lí zhī shù qǐ yú dù liàng qiān zhī wàn zhī
氂，毫氂之数，起于度量，千之万之，
kě yǐ yì dà tuī zhī dà zhī qí xíng nǎi zhì
可以益大，推之大之，其形乃制。

【释读】5.4 至深的道理是微妙难测的，其变化也没有穷尽，谁能清楚地知道它的本源！实在是困难得很呀！有学问的人勤勤恳恳地探讨研究，可是谁能知道它的要妙之处！那些道理暗昧难明，就像被遮蔽着，怎能了解到它的精华是什么！那似有若无的是无形之始，产生毫厘是事物有象的初期，虽然毫厘，也是度量的开始，只不过把它们千万倍地积累扩大，才演变成形形色色、有形有质的世界。（大必从小积累，显著必从微小起步，是以变化虽多，原则一耳。故但能知一，则无一之不知也；不能知一，则无一之能知也）

5.5 黄帝曰：善哉！余闻精光之道，大圣之业，而宣明大道，非斋戒择吉日不敢受也。黄帝乃择吉日良兆，而藏灵兰之室以传保焉。

huáng dì yuē shàn zāi yú wén jīng guāng zhī dào dà shèng zhī yè ér xuān míng dà dào fēi zhāi jiè zé jí rì bù gǎn shòu yě huáng dì nǎi zé jí rì liáng zhào ér cáng líng lán zhī shì yǐ chuán bǎo yān

---

【释读】5.5 黄帝说：好啊！我听到了精纯明彻的道理，这真是大圣人建立事业的基础，对于这宣畅明白的宏大理论，如果不专心修省而选择吉日，把这些著作珍藏在灵台兰室，如同宝物一般保存起来，以便流传后世。

dì liù jiǎng yì fǎ fāng yí lùn piān jié xuǎn
第六讲 异法方宜论篇（节选）

6.1 huáng dì wèn yuē yī zhī zhì bìng yě yí bìng ér zhì gè bù tóng jiē yù hé yě qí bó duì yuē dì shì shǐ rán yě

黄帝问曰：医之治病也，一病而治各不同，皆愈，何也？岐伯对曰：地势使然也。

6.2 gù dōng fāng zhī yù tiān dì zhī suǒ shǐ shēng yě yú yán zhī dì hǎi bīn bàng shuǐ qí mín shí yú ér shì xián jiē ān qí chù měi qí shí yú zhě shǐ rén rè zhōng yán zhě shèng xuè gù qí mín jiē hēi sè shū lǐ

故东方之域，天地之所始生也。鱼盐之地，海滨傍水，其民食鱼而嗜咸，皆安其处，美其食。鱼者使人热中，盐者胜血，故其民皆黑色疏理，

【释读】6.1 黄帝问道：医生治疗疾病，同样的病而采取不同的治疗方法，但结果都能痊愈，这是什么道理？岐伯回答：这是因为地理气候不同，而治法各有所异。 6.2 例如东方的天地始生之气，气候温和，是出产鱼和盐的地方。由于地处海滨而接近水，人们多吃鱼类且喜欢咸味，但由于多吃鱼类，鱼性属火会使人热积于中，过多的吃盐，因为咸能走血，又会耗伤血液，所以当地的百姓，大都皮肤色黑，肌理松疏，该地多发痈疡之类的疾病。对其治疗，大都宜用砭石刺法。因此，砭石的治方法，也是从东方传来的。

qí bìng jiē wéi yōng yáng qí zhì yí biān shí gù biān shí
其病皆为痈疡，其治宜砭石。故砭石

zhě yì cóng dōng fāng lái
者，亦从东方来。

xī fāng zhě jīn yù zhī yù shā shí zhī chù
6.3 西方者，金玉之域，沙石之处，

tiān dì zhī suǒ shōu yǐn yě qí mín líng jū ér duō fēng
天地之所收引也。其民陵居而多风，

shuǐ tǔ gāng qiáng qí mín bù yī ér hè jiàn huá shí ér
水土刚强，其民不衣而褐荐，华食而

zhī féi gù xié bù néng shāng qí xíng tǐ qí bìng shēng yú
脂肥，故邪不能伤其形体，其病生于

nèi qí zhì yí dú yào gù dú yào zhě yì cóng xī
内，其治宜毒药。故毒药者，亦从西

fāng lái
方来。

【释读】6.3 西方地区，是多山旷野，盛产金玉，遍地沙石，这里的自然环境，像秋令之气，有一种收敛的气象。该地的百姓，多依山陵而住，其地多风，水土的性质又刚强，而他们不堪考究衣服，不穿丝棉，多使用兽毛或麻布并睡草席，但饮食都是鲜美酥酪骨肉之类，因此体肥，外邪不容易侵犯他们的形体，他们发病，大都由饮食造成，属于内肝疾病。对其治疗，宜用药物。所以药物疗法，是从西方传来的。

bĕi fāng zhě tiān dì suǒ bì cáng zhī yù yě qí dì
6.4 北方者，天地所闭藏之域也。其地
gāo líng jū fēng hán bīng liè qí mín yuè yě chǔ ér rǔ
高陵居，风寒冰洌。其民乐野处而乳
shí zāng hán shēng mǎn bìng qí zhì yí jiǔ ruò gù jiǔ
食，脏寒生满病，其治宜灸焫。故灸
ruò zhě yì cóng běi fāng lái
焫者，亦从北方来。

nán fāng zhě tiān dì suǒ zhǎng yǎng yáng zhī suǒ shèng
6.5 南方者，天地所长养，阳之所盛
chǔ yě qí dì xia shuǐ tǔ ruò wù lù zhī suǒ jù
处也。其地下，水土弱，雾露之所聚
yě qí mín shì suān ér shí fǔ gù qí mín jiē zhì lǐ
也。其民嗜酸而食胕，故其民皆致理
ér chì sè qí bìng luán bì qí zhì yí wēi zhēn gù
而赤色，其病挛痹，其治宜微针。故
jiǔ zhēn zhě yì cóng nán fāng lái
九针者，亦从南方来。

【释读】6.4 北方地区，自然气候如同冬天的闭藏气象，地形较高。人们依山陵而居住，经常处在风寒冰冽的环境中。该地的百姓习惯游牧生活，四野临时住宿，吃的是牛羊乳汁，因此内脏易受寒，易生胀满的疾病。对其治疗，宜用艾火炙灼。所以艾火炙灼的治疗方法，是从北方传来的。 6.5 南方地区，气候类似于万物长养的夏季，是阳气最盛的地方，地势低洼，水土薄弱，因此雾露经常聚集。该地的百姓，喜欢吃酸类和腐熟的食品，其皮肤腠理致密而带红色，易发生筋脉拘急、麻木不仁等疾病。对其治疗，宜用微针针刺。所以九针的治疗方法，是从南方传来的。

6.6 中央者，其地平以湿，天地所以生万物也众。其民食杂而不劳，故其病多痿厥寒热，其治宜导引按蹻。故导引按蹻者，亦从中央出也。

6.7 故圣人杂合以治，各得其所宜。故治所以异而病皆愈者，得病之情，知治之大体也。

【释读】6.6 中央之地，地形平坦而多潮湿，物产丰富，所以人们的食物种类很多，生活比较安逸，这里发生的疾病，多是痿弱、厥逆、寒热等病，这些病的治疗，宜用导引按蹻的方法。所以导引按蹻的治疗方法，是从中央地区推广出去的。 6.7 从以上情况来看，一个高明的医生，是能够将这许多治病方法综合起来，根据具体情况，随机应变，灵活运用，使患者得到适宜的治疗。所以尽管治法各有不同，而结果是疾病都能痊愈。这是由于医生能够了解病情，并掌握了治疗的根本方法。

dì qī jiǎng zàng qì fǎ shí lùn piān jié xuǎn

第七讲　脏气法时论篇（节选）

huáng dì wèn yuē hé rén xíng yǐ fǎ sì shí wǔ xíng ér zhì hé rú ér cóng hé rú ér nì dé shī zhī yì yuàn wén qí shì

7.1　黄帝问曰：合人形以法四时五行而治，何如而从？何如而逆？得失之意，愿闻其事！

qí bó duì yuē wǔ háng zhě jīn mù shuǐ huǒ tǔ yě gēng guì gēng jiàn yǐ zhī sǐ shēng yǐ jué chéng bài ér dìng wǔ zàng zhī qì jiān shèn zhī shí sǐ shēng zhī qī yě

7.2　岐伯对曰：五行者，金木水火土也。更贵更贱，以知死生，以决成败，而定五脏之气，间甚之时，死生之期也。

dì yuē yuàn zú wén zhī

7.3　帝曰：愿卒闻之。

【释读】7.1 黄帝问道：结合人体五脏之气的具体情况，取法四时五行的生克制化规律，作为救治疾病的法则，怎样是顺从呢？怎样是悖逆呢？治法中的从逆和得失是怎么一回事。　7.2 岐伯回答：五行就是金、木、水、火、土，配合时令气候，有衰旺盛克的更迭变化，从这些变化中可以测知死生，分析医疗的成败，并能确定五脏之气的盛衰、疾病轻重的时间，以及死生的日期。　7.3 黄帝说：我想听你详尽地讲一讲。

qí bó yuē gān zhǔ chūn zú jué yīn shào yáng
7.4 岐伯曰：肝主春，足厥阴、少阳
zhǔ zhì qí rì jiǎ yǐ gān kǔ jí jí shí gān yǐ
主治。其日甲乙。肝苦急，急食甘以
huǎn zhī
缓之。

xīn zhǔ xià shǒu shào yīn tài yáng zhǔ zhì qí rì
7.5 心主夏，手少阴、太阳主治。其日
bǐng dīng xīn kǔ huǎn jí shí suān yǐ shōu zhī
丙丁。心苦缓，急食酸以收之。

pí zhǔ cháng xià zú tài yīn yáng míng zhǔ zhì qí
7.6 脾主长夏，足太阴、阳明主治。其
rì wù jǐ pí kǔ shī jí shí kǔ yǐ zào zhī
日戊己。脾苦湿，急食苦以燥之。

【释读】7.4 岐伯：肝属木、旺于春，肝与胆互为表里，春天是足厥阴肝经和足少阳胆经主治的时间，甲乙属木，足少阳胆经主甲木，足厥阴肝经主乙木，所以肝胆旺日为甲乙；肝在志为怒，怒则气急，甘味能缓急，故宜急食甘以缓之。 7.5 心属火，旺于夏，心与小肠互为表里，夏天是手少阴心经和手太阳小肠经主治的时间；丙丁属火，手少阴心经主丁火，手太阳小肠经主丙火，所以心与小肠的旺日为丙丁；心在志为喜，喜则气缓，心气过缓则心气虚而散，酸味能收敛，故宜急食酸以收之。 7.6 脾属土，旺于长夏（六月），脾与胃互为表里，长夏是足太阴脾经和足阳明胃经主治的时间；戊己属土，足太阴脾经主己土，足阳明胃经主戊土，所以脾与胃的旺日为戊己；脾性恶湿，湿盛则伤脾，苦味能燥湿，故宜急食苦以燥之。

7.7 肺主秋，手太阴、阳明主治。其日庚辛。肺苦气上逆，急食苦以泄之。

fèi zhǔ qiū shǒu tài yīn yáng míng zhǔ zhì qí rì gēng xīn fèi kǔ qì shàng nì jí shí kǔ yǐ xiè zhī

7.8 肾主冬，足少阴、太阳主治。其日壬癸。肾苦燥，急食辛以润之，开腠理，致津液，通气也。

shèn zhǔ dōng zú shào yīn tài yáng zhǔ zhì qí rì rén guǐ shèn kǔ zào jí shí xīn yǐ rùn zhī kāi còu lǐ zhì jīn yè tōng qì yě

【释读】7.7 肺属金，旺于秋；肺与大肠互为表里，秋天是手太阴肺经和手阳明大肠经主治的时间；庚辛属金，手太阴肺经主辛金，手阳明大肠经主庚金，所以肺与大肠的旺日为庚辛；肺主气，其性清肃，若气上逆则肺病，苦味能泄，故宜急食苦以泄之。 7.8 肾属水，旺于冬，肾与膀胱互为表里，冬天是足少阴肾经与足太阳膀胱经主治的时间；壬癸属水，足少阴肾经主癸水，足太阳膀胱经主壬水，所以肾与膀胱的旺日为壬癸；肾为水脏，喜润而恶燥，故宜急食辛以润之。如此可以开发腠理，运行津液，宣通五脏之气。【补充】中国古代一天计时及名称：（1）子时：古人称为夜半，又名子夜、中夜，今时：23—1时；（2）丑时：古人称为鸡鸣，又名荒鸡，今时：1—3时；（3）寅时：古人称为平旦，又称黎明、早晨、日旦，今时：3—5时；（4）卯时：古人称为日出，又名日始、破晓、旭日，今时：5—7时；（5）辰时：古人称为食时，又名早食，今时：7—9时；（6）巳时：古人称为隅中，又名日禺，今时：9—11时；（7）午时：古人称为日中，又名日正、中午，今时：11—13时；（8）未时：古人称为日昳，又名日跌、日央，今时：13—15时；（9）申时：古人称为哺时，又名日铺、夕食，今时：15—17时；（10）酉时：古人称为日入，又名日落、日沉、傍晚，今时：17—19时；（11）戌时：古人称为黄昏，又名日夕、日暮、日晚，今时：19—21时；（12）亥时：古人称为人定，又名定昏等，今时：21—23时。

bìng zài gān yù yú xià xià bú yù shèn yú
7.9 病在肝，愈于夏，夏不愈，甚于
qiū qiū bù sǐ chí yú dōng qǐ yú chūn jìn dāng
秋，秋不死，持于冬，起于春，禁当
fēng gān bìng zhě yù zài bǐng dīng bǐng dīng bú yù
风。肝病者，愈在丙丁，丙丁不愈，
jiā yú gēng xīn gēng xīn bù sǐ chí yú rén guǐ qǐ
加于庚辛，庚辛不死，持于壬癸，起
yú jiǎ yǐ gān bìng zhě píng dàn huì xià bū shèn
于甲乙。肝病者，平旦慧，下晡甚，
yè bàn jìng gān yù sàn jí shí xīn yǐ sàn zhī yòng
夜半静。肝欲散，急食辛以散之，用
xīn bǔ zhī suān xiè zhī
辛补之，酸泻之。

【释读】7.9 肝脏有病，在夏季当愈，若至夏季不愈，到秋季病情就要加重；如秋季不死，至冬季病情就会维持稳定不变状态，到来年春季，病即好转。肝最忌受风邪侵扰。有肝病的人，愈于丙丁日；如果丙丁日不愈，到庚辛日病就加重；如果庚辛日不死，到壬癸日病情就会维持稳定，到了甲乙日病即好转。患肝病的人，在早晨的时候好一些，到傍晚的时候病就加重。到半夜时便安静下来。肝木性喜条达而恶抑郁，故肝病急用辛味以散之，若需要补以辛味补之，若需要泻，以酸味泻之。

7.10 病在心，愈在长夏，长夏不愈，甚于冬，冬不死，持于春，起于夏，禁温食、热衣。心病者，愈在戊己，戊己不愈，加于壬癸，壬癸不死，持于甲乙，起于丙丁。心病者，日中慧，夜半甚，平旦静。心欲软，急食咸以软之，用咸补之，甘泻之。

bìng zài xīn, yù zài cháng xià, cháng xià bú yù, shèn yú dōng, dōng bù sǐ, chí yú chūn, qǐ yú xià, jìn wēn shí、rè yī. xīn bìng zhě, yù zài wù jǐ, wù jǐ bú yù, jiā yú rén guǐ, rén guǐ bù sǐ, chí yú jiǎ yǐ, qǐ yú bǐng dīng. xīn bìng zhě, rì zhōng huì, yè bàn shèn, píng dàn jìng. xīn yù ruǎn, jí shí xián yǐ ruǎn zhī, yòng xián bǔ zhī, gān xiè zhī.

【释读】7.10 心脏有病，愈于长夏；若至长夏不愈，到了冬季病情就会加重；如果在冬季不死，到了明年的春季病情就会维持稳定状态，到了夏季病即好转。心有病的人应禁食温热食物，衣服也不能穿的太暖。有心病的人，愈于戊己日；如果戊己日不愈，到壬癸日病就加重；如果在壬癸日不死，到甲乙日病情就会维持稳定，到丙丁日病即好转。心脏有病的人，在中午的时候神情爽慧，到半夜时病就加重，到早晨时便安静了。心病欲柔软，宜急食咸味以软之，若需要补则以咸味补之，若需要泻以甘味泻之。

bìng zài pí yù zài qiū qiū bú yù shèn yú
7.11 病在脾，愈在秋，秋不愈，甚于
chūn chūn bù sǐ chí yú xià qǐ yú cháng xià jìn
春，春不死，持于夏，起于长夏，禁
wēn shí bǎo shí shī dì rú yī pí bìng zhě yù zài
温食饱食、湿地濡衣。脾病者，愈在
gēng xīn gēng xīn bú yù jiā yú jiǎ yǐ jiǎ yǐ bù
庚辛，庚辛不愈，加于甲乙，甲乙不
sǐ chí yú bǐng dīng qǐ yú wù jǐ pí bìng zhě
死，持于丙丁，起于戊己。脾病者，
rì dié huì rì chū shèn xià bū jìng pí yù huǎn
日昳慧，日出甚，下晡静。脾欲缓，
jí shí gān yǐ huǎn zhī yòng kǔ xiè zhī gān bǔ zhī
急食甘以缓之，用苦泻之，甘补之。

【释读】7.11 脾脏有病，愈于秋季；若至秋季不愈，到春季病就加重；如果在春季不死，到夏季病情就会维持稳定状态，到长夏的时候病即好转。脾病忌吃温热性食物，不能饮食过饱，不居住潮湿之地，不穿潮湿衣服。脾有病的人，愈于庚辛日；如果在庚辛日不愈，到甲乙日加重；如果在甲乙日不死，到丙丁日病情就会维持稳定，到了戊己日病即好转。脾有病的人，在午后会好一些，到日出时病就加重，到傍晚时便安静了。脾脏病需要缓和，甘味能缓中，故宜急食甘味以缓之，需要泻则用苦味药泻脾，若需要补以甘味补脾。

bìng zài fèi yù zài dōng dōng bú yù shèn yú
7.12 病在肺，愈在冬，冬不愈，甚于
xià xià bù sǐ chí yú cháng xià qǐ yú qiū jìn
夏，夏不死，持于长夏，起于秋，禁
hán yǐn shí hán yī fèi bìng zhě yù zài rén guǐ
寒饮食、寒衣。肺病者，愈在壬癸，
rén guǐ bú yù jiā yú bǐng dīng bǐng dīng bù sǐ chí
壬癸不愈，加于丙丁，丙丁不死，持
yú wù jǐ qǐ yú gēng xīn fèi bìng zhě xià bū
于戊己，起于庚辛。肺病者，下晡
huì rì zhōng shèn yè bàn jìng fèi yù shōu jí shí
慧，日中甚，夜半静。肺欲收，急食
suān yǐ shōu zhī yòng suān bǔ zhī xīn xiè zhī
酸以收之，用酸补之，辛泻之。

【释读】7.12 肺脏有病，愈于冬季；若至冬季不愈，到夏季病就加重；如果在夏季不死，至长夏时病情就会维持稳定状态，到了秋季病即好转。肺有病应禁忌寒冷饮食及穿得太单薄。肺有病的人，愈于壬癸日；如果在壬癸日不愈，到丙丁日病就会加重；如果在丙丁日不死，到戊己日病情就会维持稳定，到了庚辛日，病即好转。肺有病的人，傍晚时分会好一些，到中午时病就会加重，到半夜时便安静了。肺气欲收敛，宜急食酸味以收敛，若需要补的，用酸味补肺，若需要泻的，用辛味泻肺。

bìng zài shèn yù zài chūn chūn bú yù shèn yú
7.13 病在肾，愈在春，春不愈，甚于
cháng xià cháng xià bù sǐ chí yú qiū qǐ yú dōng
长夏，长夏不死，持于秋，起于冬，
jìn fàn cuì āi rè shí wēn zhì yī shèn bìng zhě yù
禁犯焠烪热食、温炙衣。肾病者，愈
zài jiǎ yǐ jiǎ yǐ bú yù shèn yú wù jǐ wù jǐ
在甲乙，甲乙不愈，甚于戊己，戊己
bù sǐ chí yú gēng xīn qǐ yú rén guǐ shèn bìng
不死，持于庚辛，起于壬癸。肾病
zhě yè bàn huì sì jì shèn xià bū jìng shèn
者，夜半慧，四季甚，下晡静。肾
yù jiān jí shí kǔ yǐ jiān zhī yòng kǔ bǔ zhī xián
欲坚，急食苦以坚之，用苦补之，咸
xiè zhī
泻之。

【释读】7.13 肾脏有病，愈于春季；若至春季不愈，到长夏时病就加重；如果在长夏不死，到秋季病情就会维持稳定不变状态，到冬季病即好转。肾病禁食炙烤、油炸的食物和穿经火烘烤过的衣服。肾有病的人，愈于甲乙日；如果在甲乙日不愈，到戊己日病就加重；如果在戊己日不死，到庚辛日病情就会维持稳定，到壬癸日病即好转。肾有病的人，半夜的时候会好一些，在一日中的辰、戌、丑、未四个时辰病情会加重，在傍晚时便安静了。肾主秘藏，其气欲坚，宜急食若味以坚之，若需要补的，宜用苦味补之，若需要泻的，宜用咸味泻之。

fū xié qì zhī kè yú shēn yě yǐ shèng xiāng jiā
7.14 夫邪气之客于身也，以胜相加，
zhì qí suǒ shēng ér yù zhì qí suǒ bú shèng ér shèn zhì yú
至其所生而愈，至其所不胜而甚，至于
suǒ shēng ér chí zì dé qí wèi ér qǐ bì xiān dìng wǔ zàng
所生而持，自得其位而起。必先定五脏
zhī mài nǎi kě yán jiān shèn zhī shí sǐ shēng zhī qī yě
之脉，乃可言间甚之时，死生之期也。

gān bìng zhě liǎng xié xià tòng yǐn shào fù lìng rén
7.15 肝病者，两胁下痛引少腹，令人
shàn nù xū zé mù huāng huāng wú suǒ jiàn ěr wú suǒ
善怒。虚则目肮肮无所见，耳无所
wén shàn kǒng rú rén jiāng bǔ zhī qǔ qí jīng jué
闻，善恐，如人将捕之。取其经，厥
yīn yǔ shào yáng qì nì zé tóu tòng ěr lóng bù cōng
阴与少阳。气逆则头痛，耳聋不聪，
jiá zhǒng qǔ xuè zhě
颊肿，取血者。

【**释读**】7.14 凡是邪气侵袭人体，都是以强凌弱，病至其所生之时而愈，至其所不胜之时而甚，至其所生之时而病情稳定不变，至其自旺之时病情好转。但必须先明确五脏之平脉，然后始能推测疾病的轻重时间及死生的日期。 7.15 肝脏有病，则两肋下疼痛牵引少腹，使人多怒，这是肝气实的症状；如果肝气虚，则出现两目昏花而视物不明，两耳也听不见声音，多恐惧，好像有人要逮捕他一样。针灸治疗时，取足厥阴肝经和足少阳胆经的经穴。如肝气上逆，则头痛、耳聋而听觉失灵、颊肿，可针刺放血。

xīn bìng zhě xiōng zhōng tòng xié zhī mǎn xié
7.16 心病者，胸中痛，胁支满，胁
xià tòng yīng bèi jiān jiǎ jiān tòng liǎng bì nèi tòng xū
下痛，膺背肩甲间痛，两臂内痛。虚
zé xiōng fù dà xié xià yǔ yāo xiāng yǐn ér tòng qǔ
则胸腹大，胁下与腰相引而痛。取
qí jīng shào yīn tài yáng shé xià xuè zhě qí biàn
其经，少阴、太阳，舌下血者。其变
bìng cì xì zhōng xuè zhě
病，刺郄中血者。

pí bìng zhě shēn zhòng shàn jī bié běn zuò
7.17 脾病者，身重，善饥（别本作
jī ròu wěi zú bù shōu xíng shàn chì jiǎo xia
肌）肉痿，足不收行，善瘛，脚下
tòng xū zé fù mǎn cháng míng sūn xiè shí bú huà
痛。虚则腹满，肠鸣飧泄，食不化。
qǔ qí jīng tài yīn yáng míng shào yīn xuè zhě
取其经，太阴、阳明、少阴血者。

【释读】7.16 心脏有病，则出现胸中痛，肋部支撑胀满，肋下痛，胸膺部、背部及肩胛间疼痛，两臂内侧疼痛，这是心气实的症状。心气虚，则出现胸腹部胀大，肋下和腰部牵引作痛。针灸治疗时，取于少阴心经和于太阳小肠经的经穴，并刺舌下之脉放血。如病情有变化，与初起时不同，可刺委中穴放血。 7.17 脾脏有病，则出现身体沉重，易饥，肌肉痿软无力，两足弛缓不收，行走时容易抽搐，脚下疼痛，这是脾气实的症状；脾气虚，则腹部胀满，肠鸣，泄下而食物不化。针灸治疗时，取足太阴脾经、足阳明胃经和足少阴肾经的经穴，针刺放血。

fèi bìng zhě chuǎn ké nì qì jiān bèi tòng hàn
7.18 肺病者，喘咳逆气，肩背痛，汗
chū kāo yīn gǔ xī bì shuàn héng zú jiē tòng xū zé shǎo
出，尻阴股膝髀腨胻足皆痛。虚则少
qì bù néng bào xī ěr lóng yì gān qǔ qí jīng
气，不能报息，耳聋嗌干。取其经，
tài yīn zú tài yáng zhī wài jué yīn nèi xuè zhě
太阴、足太阳之外，厥阴内血者。

shèn bìng zhě fù dà jìng zhǒng chuǎn ké
7.19 肾病者，腹大，胫肿，喘咳，
shēn zhòng qǐn hàn chū zēng fēng xū zé xiōng zhōng tòng dà
身重，寝汗出憎风。虚则胸中痛，大
fù xiǎo fù tòng qīng jué yì bú lè qǔ qí jīng shào
腹小腹痛，清厥意不乐。取其经，少
yīn tài yáng xuè zhě
阴、太阳血者。

【**释 读**】7.18 肺脏有病，则喘咳气逆，肩背部疼痛，出汗，尻、阴、股、膝、髀骨、足等部皆疼痛，这是肺气实的症状；如果肺气虚，则出现少气，呼吸困难而难于接续，耳聋，咽干。针灸治疗时，取太阴肺经的经穴，更取足太阳膀胱经的外侧及足厥阴内侧的经穴，针刺放血。 7.19 肾脏有病，则腹部胀大，胫部浮肿，气喘，咳嗽，身体沉重，睡后出汗，恶风，这是肾气实的症状；如果肾气虚，则会出现胸中疼痛，大腹和小腹疼痛，四肢厥冷，心中不乐。针灸治疗时，取足少阴肾经和足太阳膀胱经的经穴，针刺放血。

7.20 肝色青，宜食甘，粳米、牛肉、枣、葵皆甘。心色赤，宜食酸，小豆、犬肉、李、韭皆酸。肺色白，宜食苦，麦、羊肉、杏、薤皆苦。脾色黄，宜食咸，大豆、豕肉、栗、藿皆咸。肾色黑，宜食辛，黄黍、鸡肉、桃、葱皆辛。辛散，酸收，甘缓，苦坚，咸软。

gān sè qīng，yí shí gān，jīng mǐ、niú ròu、zǎo、kuí jiē gān。xīn sè chì，yí shí suān，xiǎo dòu、quǎn ròu、lǐ、jiǔ jiē suān。fèi sè bái，yí shí kǔ，mài、yáng ròu、xìng、xiè jiē kǔ。pí sè huáng，yí shí xián，dà dòu、shǐ ròu、lì、huò jiē xián。shèn sè hēi，yí shí xīn，huáng shǔ、jī ròu、táo、cōng jiē xīn。xīn sàn，suān shōu，gān huǎn，kǔ jiān，xián ruǎn。

【释读】7.20 肝合青色，宜食甘味，粳米、牛肉、枣、葵菜都是属于味甘的。心合赤色，宜食酸味，小豆、犬肉、李子、韭菜都是属于酸味的。肺合白色，宜食苦味，小麦、羊肉、杏、薤白都是属于苦味的。脾合黄色，宜食咸味，大豆、猪肉、板栗、藿菜都是属于咸味的。肾合黑色，宜食辛味，黄黍、鸡肉、桃、葱都是属于辛味的。五味的功用：辛味能发散，酸味能收敛，甘味能缓急，苦味能坚燥，咸味能软坚。

dú yào gōng xié wǔ gǔ wéi yǎng wǔ guǒ wéi
7.21 毒药攻邪，五谷为养，五果为
zhù wǔ chù wéi yì wǔ cài wéi chōng qì wèi hé ér
助，五畜为益，五菜为充。气味合而
fú zhī yǐ bǔ jīng yì qì cǐ wǔ zhě yǒu xīn suān gān
服之，以补精益气。此五者有辛酸甘
kǔ xián gè yǒu suǒ lì huò sàn huò shōu huò huǎn huò
苦咸，各有所利，或散或收，或缓或
jí huò jiān huò ruǎn sì shí wǔ zàng bìng suí wǔ wèi
急，或坚或软。四时五脏病，随五味
suǒ yí yě
所宜也。

【释读】7.21 药都是可用来攻逐病邪，五谷用以充养五脏之气，五果帮助五谷以营养人体，五畜用以补益五物的偏性，五菜用以充养脏腑，气味和合而服食，可以补益精气。这五类食物，各有辛、酸、甘、苦、咸的不同气味，各有利于某一脏气，或散、收，或缓、急，或坚、软等，在运用的时候，要根据春、夏、秋、冬四时和五脏之气的偏盛偏衰等具体情况，各随其所宜而用之。

dì bā jiǎng ké lùn piān jié xuǎn

第八讲 咳论篇（节选）

huáng dì wèn yuē fèi zhī lìng rén ké hé yě
8.1 黄帝问曰：肺之令人咳，何也？
qí bó duì yuē wǔ zàng liù fǔ jiē lìng rén ké fēi
岐伯对曰：五脏六腑，皆令人咳，非
dú fèi yě dì yuē yuàn wén qí zhuàng qí bó yuē
独肺也。帝曰：愿闻其状。岐伯曰：
pí máo zhě fèi zhī hé yě pí máo xiān shòu xié qì
皮毛者，肺之合也。皮毛先受邪气，
xié qì yǐ cóng qí hé yě qí hán yǐn shí rù wèi cóng
邪气以从其合也。其寒饮食入胃，从
fèi mài shàng zhì yú fèi zé fèi hán fèi hán zé wài nèi hé
肺脉上至于肺则肺寒，肺寒则外内合
xié yīn ér kè zhī zé wéi fèi ké
邪，因而客之，则为肺咳。

【释读】8.1 黄帝问道：肺脏有病，能使人咳嗽，这是什么道理呢？岐伯回答说：五脏六腑有病，都能使人咳嗽，不单是肺脏有病如此。黄帝说：请告诉我各种咳嗽的症状。岐伯说：皮毛与肺是相配合的，皮毛先感受了寒邪，邪气就会影响到肺脏。再加上寒冷的饮食进入胃里，寒气就循着肺经上于肺脏，引起肺寒，肺寒就使内外寒邪相合，停留于肺脏，发病为肺咳。

wǔ zàng gè yǐ qí shí shòu bìng fēi qí shí gè chuán yǐ

8.2 五脏各以其时受病，非其时各传以

yǔ zhī rén yǔ tiān dì xiāng cān gù wǔ zàng gè yǐ zhì

与之。人与天地相参，故五脏各以治

shí gǎn yú hán zé shòu bìng wēi zé wéi ké shèn zhě

时，感于寒则受病，微则为咳，甚者

wéi xiè wéi tòng chéng qiū zé fèi xiān shòu xié chéng chūn

为泄、为痛。乘秋则肺先受邪，乘春

zé gān xiān shòu zhī chéng xià zé xīn xiān shòu zhī chéng zhì

则肝先受之，乘夏则心先受之，乘至

yīn zé pí xiān shòu zhī chéng dōng zé shèn xiān shòu zhī

阴则脾先受之，乘冬则肾先受之。

dì yuē hé yǐ yì zhī

8.3 帝曰：何以异之？

【**释 读**】8.2 五脏各在其所主的时令受病，而非主时受病是因为各脏之病传给肺的。人和自然界是相应相合，故五脏各有其所主的时令，各脏在所主之时令受了寒邪就会得病，症状轻微的则为咳嗽，严重的，寒邪入里就成为腹泻、腹痛。所以，当秋天的时候，肺先受邪；当春天的时候，肝先受邪；当夏天的时候，心先受邪；当长夏太阴主时，脾先受邪；当冬天的时候，肾先受邪。 8.3 黄帝道：五脏咳嗽有什么差异呢？

qí bó yuē fèi ké zhī zhuàng ké ér chuǎn xī yǒu
8.4 岐伯曰：肺咳之状，咳而喘息有
yīn shèn zé tuò xuè xīn ké zhī zhuàng ké zé xīn tòng
音，甚则唾血。心咳之状，咳则心痛，
hóu zhōng jiè jiè rú gěng zhuàng shèn zé yān zhǒng hóu bì
喉中介介如梗状，甚则咽肿喉痹。

gān ké zhī zhuàng ké zé liǎng xié xià tòng shèn zé bù
8.5 肝咳之状，咳则两胁下痛，甚则不
kě yǐ zhuǎn zhuǎn zé liǎng qū xià mǎn pí ké zhī zhuàng
可以转，转则两胠下满。脾咳之状，
ké zé yòu xié xià tòng yīn yīn yǐn jiān bèi shèn zé bù
咳则右胁下痛，阴阴引肩背，甚则不
kě yǐ dòng dòng zé ké jù shèn ké zhī zhuàng ké zé
可以动，动则咳剧。肾咳之状，咳则
yāo bèi xiāng yǐn ér tòng shèn zé ké xián
腰背相引而痛，甚则咳涎。

dì yuē liù fǔ zhī ké nài hé ān suǒ shòu bìng
8.6 帝曰：六腑之咳奈何？安所受病？

【**释读**】8.4 岐伯说：肺咳的症状，咳而气喘，呼吸有声，甚至吐血。心咳的症状，咳则心痛，咽喉中好像有东西堵塞一样，甚至咽喉肿痛闭塞。 8.5 肝咳的症状，咳则两侧胁肋下疼痛，甚至痛得不能转侧，转侧则两胁下胀满。脾咳的症状，咳则右胁下疼痛，并隐隐然疼痛牵引肩背，甚至不可以动，一动就会使咳嗽加剧。肾咳的症状，咳则腰背互相牵引作痛，甚至咳吐痰涎。 8.6 黄帝道：六腑咳嗽的症状如何？是怎样受病的呢？

qí bó yuē wǔ zàng zhī jiǔ ké nǎi yí yú liù

8.7 岐伯曰：五脏之久咳，乃移于六

fǔ pí ké bù yǐ zé wèi shòu zhī wèi ké zhī zhuàng

腑。脾咳不已，则胃受之。胃咳之状，

ké ér ǒu ǒu shèn zé cháng chóng chū gān ké bù yǐ

咳而呕，呕甚则长虫出。肝咳不已，

zé dǎn shòu zhī dǎn ké zhī zhuàng ké ǒu dǎn zhī fèi

则胆受之。胆咳之状，咳呕胆汁。肺

ké bù yǐ zé dà cháng shòu zhī dà cháng ké zhuàng ké

咳不已，则大肠受之。大肠咳状，咳

ér yí shī xīn ké bù yǐ zé xiǎo cháng shòu zhī xiǎo

而遗失。心咳不已，则小肠受之。小

cháng ké zhuàng ké ér shī qì qì yǔ ké jù shī

肠咳状，咳而失气，气与咳俱失。

shèn ké bù yǐ zé páng guāng shòu zhī páng guāng

8.8 肾咳不已，则膀胱受之。膀胱

ké zhuàng ké ér yí nì jiǔ ké bù yǐ zé sān jiāo

咳状，咳而遗溺，久咳不已，则三焦

【释读】8.7 岐伯说：五脏咳嗽日久不愈，就要传移于六腑。假如脾咳不愈，则胃就受病，胃咳的症状，咳而呕吐，甚至能呕出蛔虫；肝咳不愈，则胆就受病，胆咳的症状，能咳吐出胆汁；肺咳不愈，则大肠受病，大肠咳的症状，咳而大便失禁；心咳不愈，则小肠受病，小肠咳的症状，咳而放屁，而且往往是咳嗽与放屁同时出现。 8.8 肾咳不愈，则膀胱受病，膀胱咳的症状，咳而遗尿。以上各种咳嗽，如经久不愈，则使三焦受病；三焦咳的症状，咳而腹满，不想饮食。上、中、下焦引起的咳嗽，其邪必聚于胃，并循着肺经而影响及肺脏，能使人多痰涕，面部浮肿，咳嗽气逆。

shòu zhī sān jiāo hāi zhuàng ké ér fù mǎn bú yù shí
受之。三焦咳状，咳而腹满，不欲食

yǐn cǐ jiē jù yú wèi guān yú fèi shǐ rén duō tì
饮。此皆聚于胃，关于肺，使人多涕

tuò ér miàn fú zhǒng qì nì yě
唾，而面浮肿气逆也。

dì yuē zhì zhī nài hé qí bó yuē zhì zàng zhě
8.9 帝曰：治之奈何？岐伯曰：治脏者

zhì qí yú zhì fǔ zhě zhì qí hé fú zhǒng zhě zhì qí
治其俞，治腑者治其合，浮肿者治其

jīng dì yuē shàn
经。帝曰：善。

8.9 黄帝道：治疗的方法怎样呢？岐伯说：治五脏的咳，针刺五輸穴的输穴；治六腑的咳，针刺五输穴的合穴；凡咳伴浮肿者，可针刺有脏腑的经穴。黄帝道：讲得好！【补充】(1) 古代“腧、俞、输”三个字通用，即通假字。在古中医经典中，有时称为“五俞穴”，有时称为“五腧穴”，或“五输穴”。(2)“五输穴”：上肢在肘部以下，下肢在膝部以下，每条经络各有五个非常重要的穴位，分别被称为井、荥、输、经、合，故称其为“五输穴”。(3) 气血从四肢末端向上到达头面躯干，像水流一样由小到大，由浅入深，经气初出，如水流的源头，所以称“井”；经气稍盛，如水成的微流，所以称“荥”；经气渐盛，如水流之灌注，所以称“输”；经气充盛，如水流之长行，所以称“经”；经气丰盛，宛如水流汇合，所以称“合”。(4) 五腧穴与主治病症：井穴：开窍醒神，可用于神志昏迷、心下烦闷；荥穴：清泄邪火，可用于热病；输穴：可用于发作性病症、关节痛；经穴：可用于喘咳和咽喉病症；合穴：可用于肠胃等六腑病症。

第九讲 刺要论篇（节选）

dì jiǔ jiǎng cì yào lùn piān jié xuǎn

huáng dì wèn yuē yuàn wén cì yào

9.1 黄帝问曰：愿闻刺要。

qí bó duì yuē bìng yǒu fú chén cì yǒu qiǎn shēn gè zhì qí lǐ wú guò qí dào guò zhī zé nèi shāng bù jí zé shēng wài yōng yōng zé xié cóng zhī qiǎn shēn bù dé fǎn wéi dà zéi nèi dòng wǔ zàng hòu shēng dà bìng gù yuē bìng yǒu zài háo máo còu lǐ zhě yǒu zài pí fū zhě yǒu zài jī ròu zhě yǒu zài mài zhě yǒu zài jīn zhě yǒu zài gǔ zhě yǒu zài suǐ zhě

9.2 岐伯对曰：病有浮沉，刺有浅深，各至其理，无过其道，过之则内伤，不及则生外壅，壅则邪从之。浅深不得，反为大贼，内动五脏，后生大病。故曰："病有在毫毛腠理者，有在皮肤者，有在肌肉者，有在脉者，有在筋者，有在骨者，有在髓者。"

【释读】9.1 黄帝问道：我想了解针刺方面的要领。 9.2 岐伯回答说：疾病部位有在表在里的区别，刺法有浅刺深刺的不同，病在表应当浅刺，病在里应当深刺，各应到达一定的部位（疾病所在），而不能违背这一法度。刺得太深，就会损伤内脏；刺得太浅，不仅达不到病处，而且反使在表的气血壅滞，给病邪以可乘之机。因此，针刺深浅不当，反会给人体带来很大的危害，使五脏功能紊乱，继而发生严重的疾病。所以说："疾病的部位有在毫毛腠理的，有在皮肤的，有在肌肉的，有在脉的，有在筋的，有在骨的，有在髓的。"

9.3

shì gù cì háo máo còu lǐ wú shāng pí pí shāng zé
是故刺毫毛腠理无伤皮，皮伤则
nèi dòng fèi fèi dòng zé qiū bìng wēn nüè sù sù rán hán
内动肺，肺动则秋病温疟，泝泝然寒
lì cì pí wú shāng ròu ròu shāng zé nèi dòng pí pí
慄。刺皮无伤肉，肉伤则内动脾，脾
dòng zé qī shí èr rì sì jì zhī yuè bìng fù zhàng fán
动则七十二日四季之月，病腹胀，烦
bú shì shí
不嗜食。

【释读】9.3 因此，该刺毫毛腠理的，不要伤及皮肤，若皮肤受伤，就会影响肺脏的正常功能，肺脏功能扰乱后，以致到秋天时，易患温疟病，发生恶寒战栗的症状。该刺皮肤的，不要伤及肌肉，若肌肉受伤，就会影响脾脏的正常功能，以致在每一季节的最后十八天中，发生腹胀烦满，不思饮食的病症。

cì ròu wú shāng mài mài shāng zé nèi dòng xīn xīn
9.4 刺肉无伤脉，脉伤则内动心，心
dòng zé xià bìng xīn tòng cì mài wú shāng jīn jīn shāng zé
动则夏病心痛。刺脉无伤筋，筋伤则
nèi dòng gān gān dòng zé chūn bìng rè ér jīn chí cì jīn
内动肝，肝动则春病热而筋弛。刺筋
wú shāng gǔ gǔ shāng zé nèi dòng shèn shèn dòng zé dōng bìng
无伤骨，骨伤则内动肾，肾动则冬病
zhàng yāo tòng cì gǔ wú shāng suǐ suǐ shāng zé xiāo shuò héng
胀腰痛。刺骨无伤髓，髓伤则销铄胻
suān tǐ jiě yì rán bú qù yě
酸，体解㑊然不去也。

【释 读】9.4 该刺肌肉的，不要伤及血脉，若血脉受伤，就会影响心脏的正常功能，以致到夏天时，易患心痛的病症。该刺血脉的，不要伤及筋脉，若筋脉受伤，就会影响肝脏的正常功能，以致到秋天时，易患热性病，发生筋脉弛缓的症状。该刺筋的，不要伤及骨，若骨受伤，就会影响肾脏的正常功能，以致到冬天时，易患腹胀、腰痛的病症。该刺骨的，不要伤及骨髓，若骨髓被损伤，便使身体枯瘦、小腿酸痛，肢体懈怠，行动无力的病症。

【补充】由此篇可见，看似简单的针刺，蕴含着深刻的道理，不把中医基础理论弄明白，就盲目扎针，可能带来危害。《黄帝内经·素问》中还有关于针刺方法和注意事项的论述：刺齐论篇第五十一，刺禁论篇第五十二，刺志论篇第五十三，针解篇第五十四，长刺节论篇第五十五，缪刺论篇第六十三，四时刺逆从论篇第六十四，刺法论篇第七十二；《黄帝内经·灵枢》中也有很多篇关于针刺的专论。

第十讲 徵四失论篇（节选）

dì shí jiǎng chěng sì shī lùn piān jié xuǎn

10.1 huáng dì zài míng táng, léi gōng shì zuò, huáng dì yuē: fū zǐ suǒ tōng shū shòu shì zhòng duō yǐ, shì yán dé shī zhī yì, suǒ yǐ dé zhī, suǒ yǐ shī zhī。

黄帝在明堂，雷公侍坐，黄帝曰：夫子所通书受事众多矣，试言得失之意，所以得之，所以失之。

10.2 léi gōng duì yuē: xún jīng shòu yè, jiē yán shí quán, qí shí yǒu guò shī zhě, qǐng wén qí shì jiě yě。

雷公对曰：循经受业，皆言十全，其时有过失者，请闻其事解也。

【释读】10.1 黄帝坐在明堂，雷公侍坐于旁。黄帝说：先生所通晓的医书和所从事的医疗工作已经很多了，请谈一下你在医疗上的成功与失败，并解释一下为什么能成功，又为什么会失败？ 10.2 雷公说：我严格遵循医经、师训学习医术，书上都说可以得到十全的效果，但在医疗中有时还是有过失的，请问这是怎么回事呢？

10.3

dì yuē zǐ nián shào zhì wèi jí yé
帝曰：子年少，智未及邪，
jiāng yán yǐ zá hé yé fú jīng mài shí èr luò mài
将言以杂合耶？夫经脉十二，络脉
sān bǎi liù shí wǔ cǐ jiē rén zhī suǒ míng zhī gōng zhī suǒ
三百六十五，此皆人之所明知，工之所
xún yòng yě suǒ yǐ bù shí quán zhě jīng shén bù zhuān
循用也。所以不十全者，精神不专，
zhì yì bù lǐ wài nèi xiāng shī gù shí yí dài zhěn
志意不理，外内相失，故时疑殆。诊
bù zhī yīn yáng nì cóng zhī lǐ cǐ zhì zhī yī shī yǐ
不知阴阳逆从之理，此治之一失矣。

10.4

shòu shī bù zú wàng zuò zá shù miù yán wéi
受师不卒，妄作杂术，谬言为
dào gēng míng zì gōng wàng yòng biān shí hòu yí shēn
道，更名自功，妄用砭石，后遗身
jiù cǐ zhì zhī èr shī yě
咎，此治之二失也。

【释读】10.3 黄帝说：这是由于你年岁轻，智慧不足，考虑不及呢？还是对众多的学说没有消化而统统吸收缺乏分析呢？经脉有十二，络脉有三百六十五，这是人们都知道的，也是医生所遵循应用的。治病所以不能收到十全的疗效，是由于精神不能专一，志意不够条理，不能把外在症状和内在病情结合起来分析，因此时常产生疑问和困难。诊病不知阴阳逆从的道理，这是学习实践中医的第一个过失。【补充】岐伯和雷公都是黄帝的臣子，又都是中医大家。但地位不同，岐伯是国师，雷公是黄帝的学生。 10.4 随师学习没有毕业，学业未精，就盲目地用各种疗法，以荒谬之说为真理，巧立名目来夸耀自己，胡乱用砭石刮痧，不但治不好病，反而给病人留下终生痛苦。这是学习实践中医的第二个过失。

bú shì pín fù guì jiàn zhī jū, zuò zhī bó hòu,
10.5 不适贫富贵贱之居，坐之薄厚，
xíng zhī hán wēn, bú shì yǐn shí zhī yí, bù bié rén zhī
形之寒温，不适饮食之宜，不别人之
yǒng qiè, bù zhī bǐ lèi, zú yǐ zì luàn, bù zú yǐ
勇怯，不知比类，足以自乱，不足以
zì míng, cǐ zhì zhī sān shī yě
自明，此治之三失也。

zhěn bìng bú wèn qí shǐ, yōu huàn yǐn shí zhī shī
10.6 诊病不问其始，忧患饮食之失
jié, qǐ jū zhī guò dù, huò shāng yú dú, bù xiān
节，起居之过度，或伤于毒，不先
yán cǐ, cù chí cùn kǒu, hé bìng néng zhōng, wàng yán zuò
言此，卒持寸口，何病能中，妄言作
míng, wéi cū suǒ qióng, cǐ zhì zhī sì shī yě
名，为粗所穷，此治之四失也。

【释读】10.5 诊治疾病不了解贫富贵贱的各种生活方式，不区分居住环境的好坏，不注意形体的寒温，不考虑饮食的宜忌，不区别性情的勇怯，不懂得用比类异同的方法进行分析，就会使自己头脑混乱，而无法清楚明白地分析病人的病情、病理。这是学习实践中医的第三个过失。 10.6 诊治疾病，不问病起于何时，是否有精神方面的刺激和饮食方面的不节制，生活起居方面有无违背常规，或者是否由于中毒。不问清楚这些情况，就草率地切脉诊治，怎能明确诊断、切中病情呢？于是只好信口胡言，杜撰病名，就会因为医术低劣，而陷入困境。这是学习实践中医的第四个过失。【补充】诊治疾病对患者来说，性命攸关，医者必须有善良和敬畏之心。遇到一个好老师是一个人走向成功的助推器。学医必须态度严肃，认真将老师所教的知识学扎实，学精通。如果态度不严肃，还没将老师所教学精，就自以为掌握了医理的全部精髓，就去学习旁门杂术，将错误当作真理，自以为是，草率诊治，这些庸医、假医害人害己害中医。

shì yǐ shì rén zhī yǔ zhě, chí qiān lǐ zhī wài,
10.7 是以世人之语者，驰千里之外，

bù míng chǐ cùn zhī lùn, zhěn wú rén shì. zhì shù zhī
不明尺寸之论，诊无人事。治数之

dào, cóng róng zhī bǎo, zuò chí cùn kǒu, zhěn bú zhòng
道，从容之葆，坐持寸口，诊不中

wǔ mài, bǎi bìng suǒ qǐ, shǐ yǐ zì yuàn, yí shī qí
五脉，百病所起，始以自怨，遗师其

jiù. shì gù zhì bù néng xún lǐ, qì shù yú shì, wàng
咎。是故治不能循理，弃术于市，妄

zhì shí yù, yú xīn zì dé.
治时愈，愚心自得。

【释读】10.7 所以社会上的一些医生虽学道于千里之外，但却根本不明白尺寸的理论，诊治疾病时从不考虑以人为本的治病之道和沉着从容的态度，仅仅知道诊察寸口的办法。这种方法，既诊不中五脏之脉，更不知道百病的起因，医疗上出现了困难，先是自怨所学不精，继而便归罪于老师没有真传。所以，他们治病不能遵循医理医道，虽然开业行医，而毫无技术，妄加治疗，偶然治愈，不知是侥幸，反自鸣得意。

10.8 呜呼！窈窈冥冥，熟知其道？道之大者，拟于天地，配于四海，汝不知道之谕，受以明为晦。

wū hū yǎo yǎo míng míng shú zhī qí dào dào zhī dà zhě nǐ yú tiān dì pèi yú sì hǎi rǔ bù zhī dào zhī yù shòu yǐ míng wéi huì

【释读】10.8 唉！医学理论是十分奥妙精深的，有谁能彻底了解其中的道理呢？医学的理论，犹如天地之远大，四海之深广，因此必须反复学习、研究、实践、反思、体悟。你不明白这些道理，即使老师和经书讲得再清楚，你还是一头雾水。